U0088322

職場潛規則：

這些公司不會告訴你的事

永續圖書 線上購物網
讀品文化 事業有限公司

www.foreverbooks.com.tw
yungjiuh@ms45.hinet.net

思想系列 69

職場潛規則：這些公司不會告訴你的事！

編　　著　吳崇安
出 版 者　讀品文化事業有限公司
責任編輯　宋育達
封面設計　姚恩涵
內文排版　王國卿

總 經 銷　永續圖書有限公司
TEL ／(02)86473663
FAX ／(02)86473660
劃撥帳號　18669219
地　　址　22103 新北市汐止區大同路三段 194 號 9 樓之 1
TEL ／(02)86473663
FAX ／(02)86473660
出 版 日　2017 年 11 月

法律顧問　方圓法律事務所　涂成樞律師
CVS 代理　美璟文化有限公司
TEL ／(02)27239968
FAX ／(02)27239668

國家圖書館出版品預行編目資料

職場潛規則：這些公司不會告訴你的事！
／吳崇安編著. --初版. --
新北市 ： 讀品文化, 民 106.11
面； 公分. -- （思想系列：69）
ISBN 978-986-453-062-5 (平裝)
1. 職場成功法
494.35　　106018366

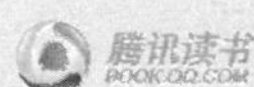

1. 公司最先炒掉這些人

職場潛規則：

這些公司不會告訴你的事！

目錄

3. 在更高的職位榨乾你

職場潛規則：

這些公司不會告訴你的事！

4. 主管不會告訴你的離職祕密

FAQ
CONTENTS

職場潛規則：

這些公司不會告訴你的事！

目錄

公司最先炒掉這些人

01 你可以提出要求而不能抱怨

你可以向老闆請示、要求，而不能抱怨。請示可以使你得到下一步的行動計劃，要求可以讓你得到你想要的資源支援，而抱怨只能讓你和成功擦肩而過。

一個年輕人來到綠洲，碰到一位老先生，年輕人便問：「這裡如何？」

老人家反問說：「你的家鄉如何？」

年輕人回答：「糟透了！我很討厭。」

老人家接著說：「那你快走，這裡跟你的家鄉一樣糟。」

後來又來了另一個年輕人問了同樣的問題，老人家也同樣反問，年輕人回答說：「我的家鄉很好，我想念家鄉的人、事、物……」

老人便說：「這裡也是同樣的。」旁聽者覺得詫異，問老人家為何前後說法不一致呢？老者說：「你要尋找什麼，你就會找到什麼！」

同樣，公司是我們每個員工的家，你對公司態度怎樣，「公司」對你也如何。有的員工也就如第一個年輕人一樣只會抱怨，不知從自身上找原因。但一個只知道抱怨的人，又怎麼接近他成功的目標呢？

幾乎在每一個公司裡，都有「牢騷族」或「抱怨族」。他們每天輪流把「槍口」指向公司裡的任何一個角落，埋怨這個、批評那個，而且從上到下，很少有人能倖免。他們的眼中到處都能看到毛病，因此處處都能看到或聽到他們的批評、發怒或生氣。

「我到公司這麼多年了，照理說，沒有功勞也有苦勞，為什麼卻一直升不上去？一定是有人看我不順眼，故意算計我！」

「你別看某某外表老實，但其實也不是什麼好東西，最喜歡在別人背後放冷箭，專打小報告，卻偏得上司的喜歡。」抱怨的人從來都不被歡迎。

玉紅是某公司的祕書，工作項目比較瑣碎。同事幾乎每天都會聽到這樣的話：「哎呦，這又是誰拿了抹布也不洗乾淨？」

「拖把不知道放在哪裡嗎？」

「每天做的要死不活的，老闆居然對我還是不滿意！」

「要不是我，那麼多雜事誰來做呀！」……

起初大家還會附和個一、兩句，但漸漸地所有人都開始對她的抱怨與訴苦感到頭痛，有時實在是很想提醒她一句：「別說了啦。」但話到嘴邊，礙於情面只好作罷。

玉紅對此也不是沒有知覺，只是她會回家繼續向她的丈夫訴苦：「沒有人理解我。公司裡的人都太壞了，沒人體會到我的辛苦付出！」

當抱怨成為一種可怕的習慣時，它的力量是巨大的，幾乎可以摧毀一個人的前程！當然，在此之前，它首先摧毀的是抱怨者的人際關係。

沒有人喜歡和一個滿腹牢騷的人相處。再說，太多的牢騷只能證明你缺乏能力，無法解決問題，才會將一切不順利歸於種種客觀因素。若是你的上司見你整日哼哼唧唧，他恐怕會認為你做事太被動，不足以託付重任。

就像玉紅一樣，其實她每次都能把事情做得很好，但就是這個愛抱怨的習慣，讓她的名字一次次地從經理助理的名單上被刪除！她的經理說：「我不能夠用一名人際關係都處理不好的人，來幫我處理公司的重要事項！」

每一個人都應該遠離抱怨，不少員工總是想著「我應該得到什麼」，抱怨公司或領導人「沒有給我什麼」，或是「我那麼賣命才給那麼點薪水」，卻沒有反躬自問：「為了希望從事的職業我還缺乏什麼？可能要付出什麼？做得夠不夠？」抱怨別人者總是把責任推到別人身上，看不到自己的錯誤和不足。抱怨成了不負責任和不夠忠誠的藉口。這樣下去，他們在抱怨中會喪失許許多多的機會。

志華曾經是一位好發牢騷的員工，他每次辭職時總愛抱怨前老闆們的種種不是。不是說老闆太吝嗇，就是說老闆不識他這個人才，總之都是他老闆的錯。在他尋找新「伯樂」三年後，當他在自己最喜歡的事業上被老闆辭退的時候，他終於明白是自己一直欠缺必備的能力，而不是原先的老闆沒有賞識他。

抱怨似乎是一種很普遍的情況，它也容易傳染，而且讓別人感染上此病後卻渾然不覺。一個人的時候，我們要好好想想自己有沒有愛抱怨的毛病。通常一個愛抱怨的人對自己的毛病認識不到，他會把所有的問題歸結到：是對方無法理解我；我說的是事實，而非所謂的抱怨！

認識不到自己有問題，才是最大的問題！

有的員工甚至會認為別人如果不聽他訴苦，那是對他的不尊重。有這樣想法的人自己才是真正自私的，因為他完全不顧及別人的感受，不是一個體貼的人。也許這樣的人應知道的是，別人沒有聽你抱怨的義務，你的抱怨如果與聽者毫無關係，會讓對方不耐煩，如果你經常抱怨，下次他看見你便會躲得遠遠的。

有問題才會抱怨，如果你抱怨的都是一些很小的事情，而且天天抱怨，就會給人一種「無能」的印象。一個能幹的人，如果因為愛抱怨而被人認為「無能」，那不是很冤枉嗎？

如果你時常抱怨別人，那麼你也會被認為是個不合群、人際關係有問題的人，否則為什麼別人都不會抱怨？對工作的抱怨如果言過其實或無中生有，那麼不僅聽的人不以為然，不會同情你，反而會抵制你，連上司也會對你表示反感。

抱怨的壞處又何止以上這些？其實，抱怨者本人也不會因為抱怨而意外收穫什麼，或得到什麼利益，相反的，他自己也會被淹沒在抱怨的困擾中。

如果我們稍微留心一下，不難發現我們很難找到一個成功人士會經常在發牢騷、抱怨不停、煩躁不安，卻常常能夠見到毫無建樹的員工滿肚子怨言。每個人內心都有渴望成功的念頭，但愛抱怨只會讓你離成功越來越遠。

抱怨或牢騷通常因某種不滿而引起，人們在遭遇挫折或不當待遇時，難免會「不平則鳴」，並且希望引起別人的注意與同情。這是一種正常現象，但如果一個人不斷地把抱怨的矛頭對準別人時，只會讓人產生反感，不僅達不到本來的目的，而且還會產生負面效果。

在公司裡，不管你走到哪裡，這些牢騷族的抱怨之聲，總是聽起來特別刺耳。本來，他們可能只是想發洩一下，但後來卻一發不可收拾。他們理直氣壯地數落別人如何對不起他們，自己如何受到不公平待遇等等，牢騷越講越多，使得他們也越來越相信，自己完全是遭受別人踐踏的犧牲品。

牢騷族總是習慣怪罪別人，認為別人應該為自己的問題負責。然而他們忘了，光是發牢騷，並不能從根本上解決問題，唯一的方法就是從現在開始，遠離抱怨。因為與其抱怨，還不如反省自己的失誤。這樣健康而又平和的心態，才會伴你走向成功的彼岸！

02 背叛老闆肯定會被踢出去

職場潛規則

如果你不能做到忠誠，你就不會獲得老闆的真誠。老闆只會同對公司忠誠的人進行真心交流。如果老闆認為你的忠誠度有問題，那麼他一定會在合適的時候將你踢出去。

作為公司的一名員工，應時刻記住自己的角色是為公司爭取利益，而不是為自己爭利益，只有公司發展了你才會得到發展。當公司與你個人利益發生衝突時，千萬不要為個人私利，而將公司的利益置之度外，因為背叛老闆等於背叛自己。

責任感源於忠誠。沒有忠誠，責任感就無從說起，沒有責任感，就容易在引誘面前把持不住自己。這樣，你的事業結構就會土崩瓦解，最終只能在一片廢墟中獨自哀歎，所以說，背叛老闆的最大受害者將是背叛者自己。

冠伯在一家大公司上班，能說善道、才華出眾，所以很快就被提拔為技術部經理，他也認為，會更好的前途正在等著他。有一天，一位港商請冠伯喝酒。席間，港商說：「最近我的公司和你們公司正在談一個合作案，如果你能把你手頭的技術資料提供一份給我，這將使我們公司在談判中佔上風。」

「什麼！你是說……要我做洩漏機密的事？」冠伯皺著眉道。

港商小聲說：「這件事只有你知我知，不會影響你。」說著就將一百萬元的支票遞給冠伯。冠伯心動了。因此在隨後的談判中，冠伯的公司損失很大。事後，公司查明真相，辭退了冠伯還一狀告上法院。

真是賠了夫人又折兵，本可大展宏圖的冠伯不但失去了工作還即將面臨刑責，那一百萬元也被公司追回以賠償損失。他懊悔不已，但為時已晚。

從冠伯的故事中我們明白，當老闆發現你背叛他時，即使你才華橫溢也不會對你姑息。一位成功的企業家曾經說過：「當你周圍的人們經由種種欺詐手段和不忠行為而暴富的時候，當其他的人搖尾乞憐、一心向上爬的時候，你要保持自己的尊嚴和清白，不要同流合污。當有的人靠阿諛奉承換來一個又一個『成就』的時候，你要善於保持內心的寧靜，不要因他人的這些成就而痛苦。當你見到有些人為了名利像狗一樣爬行的時候，你要能頂住世俗的壓力，敢於特立獨行，出淤泥而不染，要修練成品德高尚的人。那些品德高尚的人會憑藉自己的忠誠的責任心制勝，具有忠誠原則的人為了不失職，即使犧牲自身的利益也在所不惜。」

彼得是一家網路公司技術總監。由於公司改變發展方向，他覺得這家公司不再適合自己，決定換一份工作。以彼得的資歷和在ＩＴ業的影響，還有原公司的實力，找份工作並不是件困難的事情。有很多家企業早就盯上他了，以前曾試圖挖角彼得，但都沒成功。這一次，是彼得自己想離開。所以很多公司都提出了令人心動的條件，但是在優厚條件的背後總是隱藏著一些東西。彼得知道這是為什麼，但是他不能因為優厚的條件就背棄自己一貫的原則。於是，彼得拒絕了很多家公司對他的邀請。

最終，他決定到一家大型的企業去應聘技術總監，這家企業在全美乃至世界都有相當的影響，很多同業人士都希望能到這家公司工作。對彼得進行面試的，是該企業的人力資源部主管和負責技術方面工作的副總裁。對彼得的專業能力他們並無挑剔，但是他們提到了一個讓彼得很失望的問題。

「我們很歡迎你到我們公司來工作，你的能力和資歷都相當不錯。我聽說你以前所在的公司，正在著手開發一套適用於大型企業的新財務應用軟體，據說你提了很多非常有價值的建議，我們公司也在策劃這方面的工作，能否透露一些你原來公司的情況，你知道這對我們很重要，而且這也是我們看中你的一個原因。請原諒我說得這麼直白。」副總裁說。

「你們問的這個問題很令我失望，看來市場競爭的確需要一些非正常的手段。不過，我也要令你們失望了。對不起，我有義務忠誠於我的企業，即使我已經離開，到任何時候我都必須這麼做。與獲得一份工作相比，信守忠誠對我而言更重要。」彼得說完就走了。

彼得的朋友都替他惋惜，因為能到這家企業工作是很多人的夢想。但彼得並沒有因此而覺得可惜，他為自己所做的一切感到坦然。過沒幾天，彼得收到了來自這家公司的一封信。信上寫著：「你已經錄取了，不僅僅因為你的專業能力，還有你的忠誠。」

當你在種種誘惑面前，選擇背叛，那麼你將永遠處於底層，但是如果你能抵擋住金錢與名利的誘惑，那麼，你的前程很可能會變得光明。彼得之所以被朋友們都夢寐以求的公司錄用，正因為他選擇了忠誠而非背叛。

所以，無論何時，讓我們忠於公司，忠於老闆，只有這樣，別人才能因為我們金子般的秉性向我們靠攏，給予我們更多的重視和青睞。

03 老闆最怕你跟他說你不知道

職場潛規則

老闆最擔心的是，這個局面的資訊他一無所知。因此在他需要資訊的時候最討厭聽到手下說「不知道。」無論什麼時候，只要你能積極負責，你就不可能不知道。

當事情搞砸、情況糟糕的時候，上司聽到最多的就是「我不知道」、「我不知道怎麼會這樣」、「我想盡了辦法，但不知道怎樣才能改善」、「都是他們出的主意，我不知道他們的初衷」……或許事情確實像你所說的那樣，但態度卻不可原諒。遇到問題時，你所應該做的是想辦法解決，而不是兩手一攤「我不知道」。

家鵬是一家大型公司的工程部經理。一次，他的上司安排他去處理一項難纏的事件——因一樁工程所引發的公司與當地居民糾紛。

本來，這些事務並不在他的職責範圍之內，但公司一時找不到合適的人選，而總裁認為他能言善辯又極懂周旋，便要他暫時放下手中的工作，到外地與分公司的幾位負責人共同協商，妥善處理這件對公司業務發展至關重要的事務。

到了當地之後，家鵬自恃是總部派來的人，並不屑與分公司的幾位負責人積極協商、共同處理，而是我行我素、一意孤行，加上不瞭解當地的民俗民情，結果不但事情未能妥善處理好，還與當地民眾發生了更嚴重的衝突。

當總裁責怪他把事情搞砸時，家鵬怕影響到自己以後的升職和加薪，便把責任統統地推到分公司的幾位負責人身上。然而總裁對事情進行了一番詳細的調查後，瞭解到事情的全部過程，知道後果如此的嚴重完全出於他的自作主張時，便把他責罰了一頓，也因此對他的人品和能力提出了質疑。

事隔不久，家鵬又因為公司工程上的一些業務需要與當初分公司的那幾位負責人進行合作，但大家都對他當初嫁禍於人的做法耿耿於懷，於是藉機報復他。這樣，致使家鵬業務受挫，最後不得不引咎辭職，離開了這家極有發展潛力的公司。

自己把事情搞砸了，卻諉過於同事，結果給自己帶來了麻煩。家鵬由於諉過於同事，而被老闆認為是缺乏責任心的人，最終他只有選擇黯然離開。

在職場中，像家鵬這樣的員工並不少見。在工作的過程中，他們假裝不知道有責任和任務的存在，當事情中途出現了糟糕的局面後，便推說自己並不知道有關的任務或責任以此來逃避，或者推卸自己應該承擔的責任。

在企業裡，老闆越來越需要那些敢做敢當，出現總是積極想辦法解決，而不是把責任推給別人的人。「我警告我們公司的人，」美國塞文事務機器公司前董事長保羅．查萊普說：「如果有誰說『我不知道，這不關我的事』，被我聽到的話，我會馬上開除他。因為說這種話的人顯然對我們公司沒有足夠的興趣——如果你願意站在那兒，眼睜睜地看著一個沒有穿救生衣、只有兩歲大的小孩單獨在

碼頭邊上玩耍——好吧！可是我不會容許你這樣做的，你必須跑過去保護那個兩歲的小孩才行。」

「同樣的，不論是不是你的責任，只要關係到公司的利益，你都該毫不猶豫地加以維護。因為，如果一個員工想得到提升，任何一件事都是他的責任。如果你想讓老闆相信你是個可造之才，最好最快的方法，莫過於積極尋找並抓牢促進公司利益的機會，哪怕不關你的責任，你也要這麼做。」

由此可見，老闆心目中的員工，個個都應該是負責人。只有出現總是主動去承擔，積極想辦法去解決的員工，才是老闆心目中的優秀員工。

04

留不留你取決於你是否有用

職場潛規則

你立足於公司的最大價值就是幫助老闆解決問題。如果你不能做到這一點，將問題留給老闆，並且在問題出現時不能主動承擔責任，你說，老闆為什麼還要留著你？

勇於面對問題既是一種品質，又是一種責任。一個優秀的員工在問題出現時應當勇於面對，主動承擔，而不是把問題背後的責任推給他人。

然而在現代職場中勇於承擔責任的人已經越來越少了，大家都學會互相推諉和轉讓責任，並美其名曰：轉讓風險。

當你初涉職場的時候，會有些前輩非常老道地對你說：凡事不要攬責任，你才會在公司裡不犯錯誤。話是沒錯，這樣可以避免引火焚身，但是你在老闆眼中從此就會是一個縮頭縮腦的人，一個不能把問題妥善解決的人。

一場眾人期待的話劇演砸了，劇院經理非常生氣，他把劇組的工作人員都叫來，以便弄清楚究竟是哪些方面出現了問題。

經理首先問導演：「說說你的看法。」

導演說了一大堆理由：「編劇設計的臺詞過於拗口、服裝師遲到十多分鐘、燈光和美工沒能按照要求工作、演員的表演還欠火候……」

經理聽了之後說：「那麼作為該劇的導演，你的責任是什麼呢？」

導演說：「出現這樣的問題與我完全無關……」

還沒等他說完，經理就說：「那麼，從今以後這裡再也沒有你的事了。」

像例子中那位話劇導演一樣，現實工作中有很多這樣互相推卸責任的情形，下面這個故事最能說明問題。

三隻饑寒交迫的老鼠一起去偷油。牠們決定採用疊羅漢的方式，輪流喝油。當其中一隻老鼠爬到另外兩隻老鼠的肩膀上，「勝利」即將在望時，不知什麼原因，油瓶突然倒了。巨大的響聲驚醒了主人，牠們只好抱頭亂竄，落荒而逃。

回到鼠洞後，牠們聚在一起開了個內部會議，要討論這次集體偷油失敗的潛在原因。

最上面的老鼠說：「因為下面的老鼠抖動了一下，所以，我不小心碰倒了油瓶。」中間那隻老鼠說：「我感覺到下面的老鼠抖動了一下，於是我也抖動了一下。」而最下面的老鼠說：「我隱約聽見有貓的叫聲，所以抖動了一下。」

原來如此——誰都沒有責任。

職場中經常會遇到類似的情境：

在某企業的季度會議上就可以聽到類似的推諉。行銷部經理說：「最近銷售不理想，我們得負一定的責任。但主要原因在於對手推出的新產品比我們的產品先進。」

研發經理「認真」總結道：「最近推出新產品少，是由於研發預算變少了。

大家都知道，本來就已經不多的預算還被財務部門削減了。」

財務經理馬上接著解釋：「公司的營運成本在上升，我們要能節約就節約。」

這時，採購經理跳起來說：「採購成本上升了十％，是因為俄羅斯一個生產鉻的礦山爆炸了，導致不銹鋼價格急速攀升。」

於是，大家異口同聲說：「原來如此！」言外之意便是：大家都沒有責任。

最後，人力資源經理終於發言：「這樣說來，我只好去考核俄羅斯的礦山了？」

這樣的情景經常在各個企業上演著——當工作出現困難時，各部門不尋找自身的問題，而是指責相關部門沒有配合好自己的工作。相互推諉、扯皮，責任能推就推，事情能躲就躲。最後，問題只有不了了之。

要想贏得老闆的信任，我們就必須改掉推脫責任的壞習慣。犯了錯誤有什麼理由要解釋時，你自己首先要反省：我的理由是不是客觀事實，是不是真實可信？是不是只是想用來掩飾自己的錯誤？然後回頭看看自己的行為，如果自己確實有錯誤的地方，就應該勇敢地承擔責任，誠懇地承認錯誤，並且要改正自己的行為，積極地尋求補救的辦法。

這種對自己的嚴格檢查，可能剛開始時有些困難，但是你要相信，只有勇於承擔責任，不把責任推給別人的人才有可能成就大事業。

還有一點值得注意，如果錯誤確實不是由於自己的過失造成的，那你也不要急於替自己辯解，而應著眼於整個公司的利益，等事情得到妥善的處理後，事情的真相自然會浮出水面。如果你確實被誤會了，你的上司也自然會在事實中看到，還你一個清白。

不把問題留給老闆的員工，要勇於承擔起自己職責範圍內的責任，積極地尋找並把握謀求公司利益的機會。也只有這種員工，才是老闆心目中值得栽培的人才。

05 老闆會認為遲到早退的人責任感不強

職場潛規則

老闆通常會認為遲到早退的人是不負責任的人。如果你因為經常遲到早退而給老闆留下這種印象，那麼你就難以獲得老闆的信任，同事也會因為你不守紀律而敬而遠之。

一七七九年，德國哲學家康得計劃到一個名為珀芬的小鎮，要去拜訪朋友彼特斯。他曾寫信給彼特斯，說三月二日上午十一點鐘前到他家。

康得是三月一日到達珀芬的，第二天早上便租了馬車前往彼特斯家。

朋友住在離小鎮十二英里遠的一個農場裡，小鎮和農場間有一條河。當馬車來到河邊時，車夫說：「先生，不能再往前走了，因為橋壞了。」

康得看了看橋，發現中間已經斷裂。河雖然不寬，但很深。他焦慮地問：「附近還有別的橋嗎？」

「有，在上游六英里遠的地方。」車夫回答說。

康得看了一眼手錶，已經十點鐘了，問：「如果走那座橋，我們什麼時候可以到達農場？」

「我想，要十二點半鐘。」

「可是如果我們經過面前這座橋，最快能在什麼時間到？」

「不到四十分鐘。」

「好！」康得跑到河邊的一座農舍裡，向主人打聽道：「請問您的那間小屋要多少錢才肯出售？」

「兩百法郎吧！」

康得付了錢，然後說：「如果您能馬上從小屋上拆下幾根長木板，二十分鐘

內把橋修好，我將把小屋贈送給您。」

農夫把兩個兒子叫來，按時完成了任務。馬車快速地過了橋，十點五十分趕到了農場。在門口迎候的彼特斯高興地說：「親愛的朋友，您真準時。」

偉大的哲學家懂得珍惜別人的時間，魯迅也曾說過：「浪費別人時間等於圖財害命。」我們是不是也如此實行的呢？大概有的員工認為遲到幾分鐘是無傷大雅的小事，但事實卻非如我們所認為，當它成為我們的習慣時，破壞力就遠非我們能預見的了。

張甲是某工廠的鍋爐工，王乙是他的同事。平時兩人工作都很認真，從沒有出現過遲到早退的現象，領導對他們的工作也是讚不絕口，在「安全大過天」的年代，他們的工作無可挑剔。

張甲每次都是等到王乙來接班時，他才下班，而王乙每次都很積極地提前半個小時就來報到。某日，張甲家中有事打電話要他速回，張甲一看還有半個小時就下班了，想到王乙總提前來接班，於是在王乙還未到來時他就匆匆忙忙回家了。

不巧的是王乙那天剛巧也有事務纏身，到了上班的時候他還未到廠裡，王乙想平時張甲都是等他到了再走，今天晚去半小時應該沒事的吧。於是一個早退半小時，一個遲到半小時，但不幸的事卻發生了：鍋爐由於長時間無人看管竟然發生爆炸了，因此對廠裡造成了非常大的經濟損失，更加無法挽回的還有幾個人的性命！

如果你還把遲到早退當成一個可改可不改的小毛病的話，看到這些慘烈的事實是否會有所觸動？當然，並不是所有的遲到早退都會發生嚴重的事故，但我們對待工作不能把僥倖當作「萬無一失」，即使我們的工作並沒有特別大的危險性，我們也不能因此而放鬆對自己的要求。

守時是紀律中最原始的一種，無論上、下班、約會都必須準時，守時即是信用的禮節，公共關係的首環，也是優秀員工必備的良好習慣。現代工作的快節奏，呼喚著員工的時間意識。守時，理應是現代人所必備素質之一。但是，不守時的情況卻經常在我們的身邊發生。通知了幾點要開會，卻總有那麼幾個人遲到；要求什麼時間要辦完哪件事，也總有人無法按時完成……諸如此類事情，屢見不鮮，讓人心煩。

如果只是偶爾一次，似乎也情有可原，然而你仔細觀察一下就會發現，在某些員工身上不守時的事是經常發生的。資訊經濟時代，時間的價值已遠非自然經濟和工業經濟時代可比。不守時，既浪費了自己的時間，也浪費了別人的創造財富的時間。

守時就是遵守承諾，按時到達要去的地方，沒有例外，沒有藉口，任何時候都得做到。即便你因為特殊原因不得不失約，也應該提前打電話通知對方，向對方表示你的歉意。這不是一件小事，它代表了你的素質和做事的態度。

這裡不是要告訴你守時這條原則的重要程度，而是要告訴你一些它如此重要的原因。如果你對別人的時間不表示尊重，你也不能期望別人會尊重你的時間。一旦你不守時，你就會失去影響力或者道德的力量。但守時的人會贏得老闆、同事、助手、貨商、顧客……每一個人的好感。

很多員工沒有時間觀念，上班遲到、無法如期交件等等，這些都是沒有時間觀念導致的後果。時間是成本，在還是社會新鮮人的時候就養成時間成本的觀念，將會有助於你日後的晉升和工作效率的提高。若是想要在公司中生存下去的話，首先必須守時。想做一名好員工，就要時刻記得遵守時間，不要遲到早退。

準時上班很重要，遲到表示你對工作不夠重視。一些年輕人剛到公司的時候，把公司的規章制度看得較輕，工作上雖十分賣力，但卻常常遲到早退，而這往往是紀律嚴明的公司所不能容忍的，因為老闆們認為守時是最基本，也是最重要的品質。總是遲到早退，那老闆對你的印象不止是大打折扣，而是立刻一落千丈。

常常遲到、早退既會讓事情變得雜亂無章，又會妨礙全體成員的工作進度。這樣的人是無法為他人所信賴的，更無法讓老闆信任。每個人都希望別人講信用、守時間，那自己又是如何做的呢？

遲到早退這種不守時的現象，從某種程度上能反映一個員工工作的責任心，甚至是忠誠度。別以為你的遲到早退是你個人的事，其實它的影響力遠不止這些。從現在起就徹底改掉這樣的壞毛病吧，不過是要你早起幾分鐘，或多堅持一會兒而已。

06 愛找藉口就會失去表現的機會

職場潛規則

不找任何藉口，看似冷漠，缺乏人情味，但它卻可以激發一個人最大的潛能。無論你是誰，在人生中，無需任何藉口，失敗了也罷，做錯了也罷，再妙的藉口對於事情本身也沒有絲毫的用處。許多人生中的失敗，就是因為那些一直麻醉著我們的藉口。

一個漆黑、涼爽的夜晚，坦桑尼亞的奧運馬拉松選手艾克瓦里吃力地跑進了墨西哥市奧運體育場，他是最後一名抵達終點的選手。

這場比賽的優勝者早就領了獎盃，慶祝勝利的典禮也早就已經結束，因此艾克瓦里一個人孤零零地抵達體育場時，整個體育場已經幾乎空無一人。艾克瓦里的雙腿沾滿血污，綁著繃帶，他努力地繞完體育場一圈，跑到終點。

在體育場的一個角落，享譽國際的紀錄片製作人格林斯潘遠遠看著這一切。接著，在好奇心的驅使下，格林斯潘走了過去，問艾克瓦里，為什麼這麼吃力地跑到終點。

這位來自坦桑尼亞的年輕人輕聲地回答說：「我的國家送我來這裡，不是叫我在這場比賽中起跑的，而是派我來完成這場比賽的。」

沒有任何藉口，沒有任何抱怨，職責就是他一切行動的準則。

「要成功，就不要給自己尋找藉口」，不要抱怨外在的一些條件，當我們在抱怨的時候，實際上是在為自己找藉口。而找藉口的唯一好處就是安慰自己：我做不到是可以原諒的。但這種安慰是致命的，它暗示自己：我克服不了這個客觀條件造成的困難。在這種心理暗示的引導下，就不再去思考克服困難、完成任務的方法，哪怕是只要改變一下角度就可以輕易達到目的。

不尋找藉口，就是永不放棄；不尋找藉口，就是銳意進取……要成功，就要保持一顆積極、絕不輕易放棄的心，儘量發掘出周遭人或事物最好的一面，從中尋求正面的看法，讓自己能有向前走的力量。即使終究還是失敗了，也能汲取教訓，把失敗視為向目標前進的踏腳石，而不要讓藉口成為我們成功路上的絆腳石！

所以，千萬不要找藉口！把尋找藉口的時間和精力用到努力工作上，因為工作中沒有藉口，人生中沒有藉口，失敗沒有藉口，成功屬於那些不尋找藉口的人！

對於企業來說，這更應該是始終堅守的理念，企業需要沒有藉口的員工。有多少人把寶貴的時間和精力放在了如何尋找一個合適藉口上，而忘記了自己的職責和責任。尋找藉口唯一的好處，就是把屬於自己的過失掩飾掉，把應該自己承擔的責任轉嫁給社會或他人。這樣的人，在企業裡不會成為稱職的員工，也不是企業可以期待和信任的員工；在社會上不是大家可信賴和尊重的人。這樣的人，註定只能是一事無成的失敗者。

當自己犯下錯誤，甚至自己毫無過錯，而上司、同仁、家人、朋友、客戶卻有抱怨的時候，不需要去爭辯，應當用心去聽取，認真去反思為什麼會出現這樣那樣的情況，反求諸己，有則改之，無則加勉。

在工作中，不要把過多的時間花費在尋找藉口上。失敗也罷，做錯事也罷，再美妙的藉口對事情的改變又有什麼用呢？不如仔細想一想，下一步究竟該怎樣去做。反過來說，面對失敗，如果將下一步的工作做好了，失敗真的成為成功之母也不是不可能，這樣一來，原來失敗的藉口也就不用找了。在實際的工作中，我們每一個人都應當貫徹這種「沒有藉口」的思想。

找藉口是一種不好的習慣，一旦養成了找藉口的習慣，你的工作就容易拖遝、沒有效率。拋棄找藉口的習慣，你就不會為工作中出現的問題而沮喪，甚至可以在工作中學會大量解決問題的技巧，這樣藉口會離你越來越遠，而成功就會離你越來越近。

任何一個老闆都知道，那些做事拖遝的人，是不可能給予太高期望的。今天該做的事拖到明天完成，現在該打的電話等到一、兩個小時後才打，這個月該完成的報表拖到下個月，這個季度該達到的進度要等到下一個季度——不知道喜歡拖延的人，哪來的這麼多的藉口：

「工作太無聊、太辛苦。」

「工作環境不好。」

「老闆腦筋有問題。」

「完成期限太緊迫。」

這樣的員工肯定是不努力工作的員工；至少，是沒有良好工作態度的員工。他們找出種種藉口來蒙蔽公司，去欺騙管理者，他們是不負責任的人。

凡事都留待明天處理的態度就是拖延，這是一種很壞的工作習慣。每當要付出勞動，或要做出抉擇時，總會為自己找出一些藉口來安慰自己，總想讓自己輕鬆些、舒服些。奇怪的是，這些經常喊累的拖延者，卻可以在健身房、酒吧或購物中心流連數個小時而毫無倦意。但是，看看他們上班的模樣吧！你是否常聽他們說：「天啊，真希望明天不用上班。」帶著這樣的念頭從健身房、酒吧、購物中心回來，只會感覺工作壓力越來越大。

有了找藉口的惡習，做起事來往往就會不誠實。這樣，你的工作必定遭人輕視，進而人們會看低你的人品。

工作是生活的一部分，粗劣的工作，就會造成粗劣的生活。做著粗劣的工作，不但使工作的效能降低，而且還會使人喪失做事的才能。

「超越平庸，選擇完美」這是一句值得我們每個人一生追求的格言。工作中如此，做人也應如此。有無數人因為養成了輕視工作、馬虎拖延的習慣，以及對手頭工作敷衍了事的態度，終致一生處於社會底層，無法出人頭地。

07 在辦公室裡越孤獨越不值錢

職場潛規則

孤獨者最容易被群體所拋棄。即便是老闆很欣賞你，也可能因為迫於眾人的壓力而捨棄你。所以你需要和大家打成一片，成為組織中最重要的一員，這樣你的職業發展才會更順利。

馬林進入新公司工作，由於他在學校時就是班上優等生，所以在進入工作環境後，常常恃才傲物，個性強硬，從不認輸服軟。

當時和他一起進入公司工作的還有安東。安東和馬林一樣也非常優秀，然而到了新工作環境之後，他看到身邊的人都很踏實地工作，而上司又是個好妒嫉的人，於是他就收斂鋒芒，勤奮工作，連喜歡抽菸的毛病也因辦公室無人抽菸而戒掉了。他還主動熱情地和同事打交道，於是很快就贏得了同事和上司的喜歡。

在年終評選優秀員工的獎勵大會上，由於安東的優秀工作業績和同事的支援，他受到了表彰，而馬林雖然也非常努力工作，工作成績甚至還比安東還好，可是因為同事背地裡常說他的壞話，上司不喜歡他，等等，在評選大會上他一票也沒得到，有好成績也沒受到表彰。

馬林認為自己不受重視，感覺英雄無用武之地，因此辭職而去。離開這家公司後，他走了幾個地方，也沒有找到滿意的工作，他為此深感懊惱。

公司是一臺大機器，員工就好比每個零件，只有各個零件凝聚成一股力量，這臺機器才可能正常啟動，這是你之所以在公司存在的理由。其實生活中不難發現，有的員工因為不能很好地與同事相處而無法在公司立足。所以作為一名在職人員，尤其要加強個體和整體的協調統一。因為員工作為個體，一方面有自己的個性，另一方面，就是如何很好地融入團體，而這種協調和統一很大程度上建立於人的協調和統一。所以，無論自己處於什麼職位，首先需要與同事多溝通，因為你個人的視野和經驗畢竟有限，要避免給人留下「獨斷獨行」的印象。況且，隨著社會分工的越來越細，這種溝通協調也是必須的，千萬不能做公司裡的孤獨者。

就算一間辦公室裡只有你和部門經理兩個人，而你就坐在經理的身邊。這個辦公室對你來說，也不只是那小小的一間，而是除了這「一畝三分地」以外的很多地方。一個年輕人，整天在上司身邊固然可以更好地鍛鍊自己、表現自己，但是如果不和其他的員工接觸，工作一定很難做好。所以，你要經常到其他辦公室走走，和同事們聊聊天，這是與人交往的需要，你要避免總被同事們說成是「老闆身邊的人」。

一旦你走出自己的那「一畝三分地」，去和自己辦公室以外的同事交往，和他們搞好關係，很多事情就會進入自己的耳畔，即使與你原本並無利害關係，在和辦公室以外的同事閒聊中，也能讓你對公司有了更為全面的瞭解。

而且，在單位裡有很多事情在與不在是絕對不一樣的，不管你願不願意，只要你參與和同事的交往，就總能從其中獲得某些資訊，而如果你善於交往，升遷的機會、加薪的機會就不會和你擦身而過。

和同事做朋友，已經成了新辦公室同事關係的一種趨勢。現代社會，競爭雖是無處不在，但同事之間十之八九是為了一個共同目標，更何況現在講的是雙贏、多贏。最簡單的，部門的效益上不去，誰也別妄想有升遷機會。其實大家都在一條船上，要把自己融入，而不是跳出來，這是新世紀「團隊協作」的要義。它對封閉自我的人們提出了新的挑戰——增強人際交往的能力，跳出自我的小圈子，融入到團體中，這是不容迴避的現實。讓自己成為球隊中的一員，大家共同拼搏，才能談得上勝利。

同事友情如此有價值，如果你還在做流浪的孤兒，是不是太愚蠢了？當然，你究竟是不是孤獨者，同事不會直接跟你說，但是你卻能從他們的行動中感受到。

如果有下述的情況發生，你就要多加注意了。

一、你的同事們約好一起聚餐或是活動，但是卻沒你的份。這表明他們不喜歡你，你可能與上司太親密，以致脫離了群眾，大家怕你出賣他們。抑或是你的工作十分出色，常被上司表揚，引起了同事的嫉妒。這就提醒你，要儘快與同事拉近關係。

二、同事常在一起竊竊私語，你一走近時他們就不說了。這表明他們可能在議論你的隱私。你與上司的關係是否很曖昧？是否有上司的隱私被曝光？你的私生活和化妝、著裝上有什麼不妥之處？檢查你的私生活會發現他們議論的焦點。當然，你也可單獨請其中一位和你關係較好的人喝茶，以瞭解癥結所在。

三、你常受到上司的表揚，但你的同事卻在背後詆毀你。這表明你在辦公室是個很能幹的個人英雄主義者，缺少與同事的配合和溝通。辦公室是一個團體，單槍匹馬地去搶功，必然會遭到背後的冷箭。這樣下去，你很快就會陷於孤立無援的地步。

如何避免成為公司裡的孤獨者，以下幾點供你參考。

一、杜絕算計別人的念頭

任何人都對別人的背後算計非常痛恨，算計別人也是職場中最危險的行為之一。這種行為所帶來的後果，輕則被同事所唾棄，重則失去飯碗，甚至身敗名裂。

如果你經常抱著把事業上的競爭對手當成「仇人」、「冤家」的想法，想盡一切辦法去搞垮對方時，你就有必要檢討了。就算是老闆，也絕對不希望自己的手下互相傾軋，他們希望每個人都發揮自己的長處，為自己帶來更多的利益，而互相排斥只會使自己的企業受損失。

周圍的同事也同樣討厭那些喜歡搬弄是非、耍陰招的人，每個人都希望與志趣相投的人共事。不懂得與人平等競爭、相互尊重，就會失去大家的信任。

二、主動與同事交流溝通

人在職場，難免會遇到同事的誤解。有的是他人造成的，有的則是自己不經意間造成的，對此絕不能採取消極的聽之任之的態度，更不要以對抗的方式去面對，而是要透過溝通來解決。

經由溝通，不僅有助於消除同事對你的誤會，更能加深同事對你的認識。當然，與同事在人際關係上的溝通，並不意味著只有當同事出現誤解時才去進行，必須貫穿於工作的始終。職場中的每一個人都必須突破溝通障礙，致力於建立正常的人際溝通，人際溝通解決好了，成功的機會也就會自然而然地多了起來。

三、不要拒絕同事進入你的生活

只把同事當成工作夥伴是不對的。在你生活圈的朋友裡面有自己的同事嗎？如果沒有，就要檢討一下自己對同事的交往態度了。其實和同事進行生活中的交往有很多好處，比如一起出去聚餐、一起坐車上下班、一起逛街買衣服等等。這樣可以加深彼此的瞭解，促進工作的合作愉快，在經濟上也可以互利互惠，在生活上可以互相照顧，工作上取得的成績可以共同分享，有了難處也能夠互相幫助。

四、尋找共同興趣

俗話說「趣味相投」，只有共同的愛好、興趣才能讓人走到一起。小紅所在部門同事幾乎都是男性，中午吃飯時的短暫休息時間，同事們往往會聚集在一起談天說地，可惜小紅總感覺到插不上嘴，起初的一段日子只能在旁邊遠聽。男同事們喜歡談論的話題無非集中在體育、股票上面，但他們即使不懂時裝的流行趨勢，也不妨礙他們與女同事的交流。

因為想和這些男同事搞好同事關係，於是小紅每天開始都「有意識」地關注體育方面的消息和新聞。「現在有了共同話題後，和男同事相處容易多了；每次和他們閒聊的過程中，也會將自己在工作中的一些感受和他們進行交流，我們之間的工作友誼相互之間增進了不少」，小紅如是說。

五、低調處理內部衝突

在長時間的工作過程中，與同事產生一些小爭執，那是很正常的；不過在處理這些衝突的時候，要注意方法，儘量不要讓你們之間的衝突公開激化。辦公場所也是公共場所，儘管同事之間會因工作而產生一些小摩擦，不過千萬要理性處理摩擦事件。不要表現出盛氣凌人的樣子，非要和同事做個了斷、分個勝負。退一步來說，就算你有理，要是你得理不饒人的話，同事也會對你敬而遠之的，覺得你是個不給同事餘地、不給他人面子的人，以後也會在心中時刻提防你的，這樣你可能會失去一大批同事的支持，成為孤獨的人。

六、向你的同事求助

輕易不求人，這是對的。因為拜託人總會給別人帶來麻煩。但任何事物都是辯證的，有時求助別人反而能表明你對別人的信賴。你不願拜託人家，人家也就不好意思麻煩你；你怕人家麻煩，人家就以為你也很怕麻煩。良好的人際關係是以互相幫助為前提的，因此，求助他人，在一般情況下是可以的。當然，要講究分寸，儘量不要使人家為難。

你的計劃書多次被上司退回來，你感到萬分沮喪，你心裡清楚，僅憑自己這份計劃書很難讓上司滿意。你坐在那裡愁眉不展，但你不會讓別人插手的，那樣自己的能力就會被上司懷疑，而同事們也會笑自己無能，這座山死也要自己爬過去。

下班了，人也走光了，你沒有任何新思路。而明天，上司就要用它和客戶去談判……。只要撥通對面同事的手機，你就可能輕鬆過關，因為他是個經驗豐富的老手，可是最終你還是放下了電話。你放下了電話，也放下了向他人學習經驗和借助他人取得成功的機會，你這是把虛榮心誤認為上進心。

遇到困難，你首先應該積極地改變自己的想法和做法，以求取得突破。如果經過證實，你已經無法自己解決，就不要羞於開口而錯失可能的幫助。誠實地提出你的問題，傾聽別人的回答，廣求建議。這樣，你將會發現別人是多麼樂意幫助你，你的問題順利解決了，同時也拉近了同事間的距離。

08 輕易打破公司規則的人會被打壓

職場潛規則

公司的制度和規則是老闆為員工行為劃出的邊界，從中告訴員工哪些可以做哪些是禁止的，哪些是鼓勵的，哪些是必須杜絕的。無論是誰，都不要輕易打破公司規則。

在路徑依賴的作用下，人們之間往往存在著一種可以稱為慣例的共同知識。這些共同知識，能提供給博弈的參與者一些確定資訊，因此它也就能起到節省人們在社會活動中的交易費用作用。

最明顯的例子是格式合約。格式合約又稱標準合約、定型化合約，是指當事人一方預先擬定合約條款，對方只能表示全部同意或者不同意。因此，對於另一方當事人而言，要訂立合約，就必須全部接受合約條件。現實生活中的車票、船票、飛機票、保險單等等都是格式合約。在進行一項交易時，只要交易雙方簽了字就產生了法律效力，也就基本上完成了一項交易活動。

可以想像，如果沒有這種標準契約和格式合約，在每次交易活動之前，各交易方均要找律師起草每份合約，並就各種合約的每項條款進行談判、協商和討價還價，那麼所浪費的不僅僅是金錢還有時間。

沒有共同知識的博弈，會給整個社會無端增加許多交易成本。一位相聲大師有一個《知縣見巡撫》的著名段子，說的就是一個因為缺少共同知識而產生的笑話。

光緒年間，浙江杭州有個茶葉鋪叫「大發」。掌櫃錢如命深通生財之道，十幾年的工夫就開了好幾個分號，還在安徽買了座茶山，坐莊收茶，大發財源。可就是一樣，錢掌櫃斗大的字不認識兩麻袋，是一個大文盲。錢如命的錢越賺越多，就開始看當官比做買賣好，又賺錢，又威風。

當時要當官有兩種途徑：一種是科舉及第，憑學問本事考中；另一種是捐班，花錢可以買官。錢如命字認不了一籮筐，於是就花八千兩銀子買了個實缺知縣，走馬上任。

錢如命做了一年多知縣，八千兩銀子的本兒早已不知翻了幾番，「官癮」也就越來越大，想弄個知府做做。於是他帶著大批銀兩到省城，託人給巡撫送了一份厚禮，另加一張一萬兩銀子的銀票。巡撫一看禮物不輕，當時就派人傳喚。錢如命換了身新官衣來到衙門，見了巡撫，行完禮，落了座，差人獻茶。

在當時，官場上為客人獻茶只是一種形式，客人並不真正喝茶，尤其是當下屬拜見上司時，即使面前有一杯茶，也絕對不能喝，當正事說完後，主人會舉起茶杯說「請喝茶」，那就是告訴你應該走啦，這時客人會識趣地趕快告辭。因此端茶是一種送客的暗示，這實際上也是官場上的一種共同知識，無須交代。像巡撫這樣的官，只要一端起茶碗，底下的差人馬上就喊「送客」，你就算有非常重要的事情沒談也得告辭，這個官場規矩叫「端茶送客」。

可是錢如命是茶葉鋪掌櫃出身，不懂這一套，他心想：他是巡撫，我是知縣，應當主動客氣。坐了一會兒，他雙手捧起茶碗對巡撫說：「大帥，您喝茶！」

巡撫聽了心裡一愣：怎麼，你跑到我這兒「端茶送客」來啦？你打算把我轟哪兒去呀！錢如命看巡撫沒說話，又奉承了一句：「大帥，您這茶葉真不錯，我一嘗就知道是地道的西湖龍井！」

巡撫心裡不高興，但臉上可沒露出來。倒不是這位巡撫大人寬宏大量，實在是看在那銀票的分上，要不然早就翻臉啦。

這雖然是個笑話，但是我們卻可以從中瞭解到，共同知識對於生活於社會上的人們具有如何重大的意義。共同知識對一個公司的生存與發展也是必不可少的。

佛雷德．史密斯為聯邦快遞設立的口號是「不計代價，使命必達」，就是無論面臨怎樣的困難，都要想盡一切辦法，排除萬難，不計代價地完成任務。因為聯邦快遞人運送的不僅僅是包裹，更運送著對顧客的承諾。

佛雷德史密斯說：「貨物本身對寄件者和收件者而言是極具時間價值的，他們願意為節省時間付出額外費用。我們說服客戶把貨物交給我們，就必須做到使命必達，並保證貨物在運抵前絕不會離開我們的手。」

我們來看一則聯邦快遞發展史上的一個經典故事。

一天下午，聯邦快遞印地安納州分公司的包裹跟蹤員黛比接到了一位小姐的電話。

「我想知道我的結婚禮服在哪，」一位自稱是琳達的小姐傷心地說，「昨天它在佛羅里達州，今天中午你們就應該把它送到我的手中。可現在還沒有送到，都下午三點了。我不知道聯邦快遞是在做什麼，我只知道明天我就要結婚了。我們的鎮子比較小，我的婚禮是鎮上的一件大事，更是我一生中的大事，妳能幫我嗎？」

放下電話，黛比立刻利用公司的跟蹤系統查找，並逐一打電話給取送站，詢問是否有錯放的包裹。終於，第六次電話打通後，她找到了那個包裹，但它遠在三百公里之外的底特律。

在黛比看來，公司既然承諾了，就必須在當天下午把包裹送到琳達小姐手中。當時，底特律及其附近所有的運輸機都在運貨途中，無法調借。於是，黛比租用

了塞斯納公司的一架飛機和一名飛行員，把包裹空運到琳達所在的印地安納州小鎮。

租專機和飛行員運送一個包裹，黛比真是敢想敢做！但黛比清楚送達這個包裹，對琳達意味著什麼，而且這也完全符合聯邦快遞「使命必達」的服務理念，客戶遇到問題，公司一定要盡力解決，雖然當時公司處於艱難的境地，但為了兌現對客戶的承諾，仍可以不計代價。

兩週之後，小鎮上的RCA工廠開始使用聯邦快遞的服務，每天都有二十件包裹需要郵遞。原來，RCA工廠的幾位領導人也參加了琳達的婚禮，一聽到這個故事後，其中一位領導人直截了當地告訴他們的運輸經理，不妨試用一下聯邦快遞公司的服務。運輸經理照做了，而他們對聯邦快遞的服務也感到滿意，此後，RCA工廠開始經常使用聯邦快遞的服務。

「使命必達」成為全體員工的共同知識，這是聯邦快遞成功的一個重要原因。使命、價值觀、制度，管理者要讓這些東西成為全體員工的共同知識。

09 老闆肯定能記住你對工作的承諾

職場潛規則

說到就要做到，否則就會影響公司的整體計劃。有些空頭支票並不是員工有意為之，而是因為種種客觀原因而未能實現預期目標。為避免這種情況發生，最好的方法是：你在報計劃時要綜合考慮到各種不利因素，並為未知因素預留空間。

隨意許諾等於到處負債。

一個商人臨死前告誡自己的兒子：

「你要想在生意上成功，一定要記住兩點：守信和聰明。」

「那麼什麼叫守信呢？」焦急的兒子問道。

「如果你與別人簽訂了一份合約，而簽字之後你才發現你將因為這份合約而傾家蕩產，那麼你也得照約履行。」

「那麼什麼叫聰明呢？」

「不要簽訂這份合約！」

無論在生活還是工作中，我們隨處可以見到「不聰明」的人。他們往往到處許諾，最後卻又兌現不了自己的諾言，落得一身「人情債」！有人說許諾就是負債，因為你是要還的，否則和一個言而無信的小人有何區別呢？

我們經常能見到這樣的場景：在酒宴上，不用三杯黃湯下肚，只是初次相識只消舉杯相碰，那位馬上就一臉真誠地說了：「大哥的事，你放心，全包在小弟我身上。」散席了，許諾的人就把剛才的事忘得一乾二淨。

不要開「空頭支票」。

「空頭支票」不僅僅增添他人的無謂麻煩，而且損害自己的名譽。華盛頓曾說：「一定要信守諾言，不要去做力所不及的事情。」這位先賢告誡他人，因承擔一些力所不及的工作或為嘩眾取寵而輕諾別人，結果卻不能如約履行，很容易失去他人信賴。因為當對方沒有得到你的承諾時，他不會心存希望，更不會毫無價值地焦急等待，自然也不會有失望的經歷。

相反，你若承諾，無疑在他心裡播種下希望，此時，他可能拒絕外界的其他幫助，一心指望你的承諾能得以兌現，結果你很可能毀滅他已經制定的美好計劃，或者使他失去尋求其他外援的時機。如此一來，別人因你不能信守諾言而不相信你了，也不願再與你共事。那麼，你只能自己孤軍奮戰。

有些人在生活或工作上經常不負責，許下各種承諾，而不能兌現，結果給別人留下惡劣印象。如果承諾某件事，就必須辦到，如果你辦不到，或不願去辦，就不要答應別人。

成功的人會注意承諾這個細節。他不會輕易去承諾某一件事，即使有把握，也不會輕易承諾。而工作中有許多人的承諾很輕率，不給自己留下絲毫的餘地，結果使許下的諾言無法實現。

這是一個真實的故事，發生在一名年輕人身上。

他是某公司的一位客戶，前來一間事務所諮詢的時候，他總是抱怨自己不受重視，抱怨公司過於守舊，薪資調整和升遷都論資排輩，讓年輕有作為的人沒有用武之地——他內心深處有一種強烈的挫折感。在我認識他之時，他正決定離開這家公司。於是，事務所的人員講了『把信送給加西亞』的故事給他聽，他認真聽完並且陷入了沉思。」

「我懂了！我之所以不為老闆所欣賞，並非我沒有才華，也不是我不善於溝通，而是缺乏那種值得信任的品質。因為老闆並不認為『我可以獨立將信送給加西亞』。」

他開始反思自己的問題，這表現在許多方面，包括喜歡自我表現，出口過於隨意，逞口舌之能；做事粗糙有始無終……於是，他針對這些問題進行了調整，工作態度大大改觀了。

經常回顧一下自己的所作所為，是否能為自己的守信而自豪？如果不能，應該好好反思一下，想一想，為什麼會做出一些不守信諾的行為和舉動？這麼做值得嗎？如果當時坦誠以待，事情的結果會不會更好？能從錯誤中學習，並說服自己成為一個誠實可信之人者，是可造之才。

人無信不立，良好的信譽能給自己的生活和事業帶來意想不到的好處。誠實、守信是形成強大親和力的基礎——誠實守信會使人產生與你交往的願望，在某種程度上，會消除不利因素帶來的障礙，使困境變為坦途。

但是總有一些人似乎不明白這看似簡單的道理，到處開「空頭支票」。其實，有的人空許諾，是因為他許的諾言是他根本無法做的事，但為了面子的好看，還是一口答應對方的要求！在他們看來，拒絕朋友太難開口，而做不到答應的事情，最終朋友也一定會理解，遺憾的是，你不會得到朋友的諒解，你收穫的只能是一個不守信的信譽。

一句「做不到」你可以不說，但如果說了，就要去做。這是個講求信譽的社會環境，如果到處充滿了虛言、妄言、胡言、戲言，這個社會還有什麼希望可言？

遵守諾言的人是真正的君子，是大氣的將才，而踐踏諾言的人必然是一個小人，至少是一個吹牛耍嘴皮的傢伙。一旦許諾，就要竭盡全力遵守你的諾言，努

力實現它，如同下面故事中的這位少年一般對信諾執著。

早年，尼泊爾的喜馬拉雅山南麓很少有外國人涉足。後來，許多日本人到這裡觀光旅遊，據說這是源於一位少年的誠信。

一天，幾位日本攝影師請當地一位少年代買啤酒，這位少年為之跑了三個多小時。第二天，那個少年又自告奮勇地再替他們買啤酒。這次攝影師們給了他很多錢，但直到第三天下午那個少年還沒回來。於是，攝影師們議論紛紛，都認為那個少年把錢騙走了。

第三天夜裡，那個少年卻敲開了攝影師的門。

原來，他只購得四瓶啤酒，爾後，他又翻了一座山，走過一條河才購得另外六瓶，返回時摔壞了三瓶。他哭著拿著碎玻璃片向攝影師交回零錢時，在場的人無不動容。

這個故事讓許多外國人深受感動。後來，到這兒的遊客就越來越多了……

美國歷史上偉大總統之一的林肯，年輕的時候曾以「誠信」而獲得廣大群眾的信賴，他們曾親切地稱他為「誠實的亞伯」，並因此而把選票投給林肯。林肯的總統當選，與他固守誠信而廣結的良好人緣有莫大的關係。

如果你無法讓所有的人都喜歡你，但至少可以讓大多數人都信賴你。誠信的人日久天長會逐漸形成寬容博大的胸懷，周圍充滿微笑和友愛；心思純潔的人會漸漸養成自律的習慣，周圍充滿寧靜和平的氛圍。「一諾千金」這句話，就是要我們學會怎樣許諾，並畢生實踐之。

10 老闆不會喜歡向他打小報告的人

職場潛規則

越級報告無異於兩頭點火，而將自身置於中間。即便是老闆採納了你的報告，也會你的工作方法甚至是人品進行懷疑，他們其實並不希望與他隔著級別的人越級上報。

狐狸平時與老虎私交甚好，經常得到老虎的讚賞。為此，狐狸也感到很驕傲。牠覺得自己漂亮、聰明和老虎的關係處得特別好，於是走到哪裡都希望別的動物誇牠幾句，或害怕得見到就牠點頭哈腰才好。

但是有一樣讓狐狸很惱火，牠不明白為什麼老虎要讓笨拙的狗熊當自己的主管。狐狸常常想：我這麼聰明，那隻又蠢又笨的狗熊怎麼能領導我呢？牠也不配領導我！瞧牠那臃腫的身材，行動那麼慢！唉，如果牠能有我一半靈活就好了！

狐狸不知道其實狗熊主管也對牠很不滿意，牠認為狐狸太浮躁了，做事總是只做表面，花言巧語掩飾不了牠的虛榮。

就這樣，狐狸與狗熊的「梁子」結下了。

狐狸想報復一下牠的主管狗熊，就跑到了「大老闆」老虎那裡告狀，狐狸的如意算盤打得很好：憑我和老虎的私交，還辦不了狗熊嗎？

然而，意外的是老虎說：「這事你應該先和狗熊主管商量一下，然後讓牠來與我說明具體情況。」狐狸一下子傻眼了，牠沒想到老虎的回答竟是這樣！

在工作中有的人可能也會自恃有才華，或與總經理私交甚好，就不把主管放在眼裡。恨不得所有工作都繞過對方，或者認為直接和老闆說明情況會更有效，殊不知，越級報告是件兩頭不討好的事。

志聖大學畢業後到某報社文藝部工作，擔任副刊編輯。他畢業於中文系，理論基礎扎實，才思敏銳。參加工作幾年間，由他編輯發表的不少作品被國內多種文摘類報刊轉載。

他自己還勤奮創作，先後在各大報刊發表了大量作品，引起業內人士的關注。而且，在他的努力下，文藝部開展了不少群眾性的工作，均取得成功。

由於志聖越來越受到同事的尊重，影響漸大。部門主管慢慢地感到了他對自己的威脅，開始排擠志聖，對他的合理化建議也不予採納。久而久之，志聖和部門主管的關係變得微妙起來，兩人中間出現了一條無形的溝壑。

志聖不僅多才敬業，而且在事業上具有一定的開拓精神、創新意識。由於和部門主管關係的「不妙」，他的一些想法無法付諸實施。於是，他乾脆越過部門主管直接去和總編談，談他的計劃、設想，希望得到總編的支持。

結果不難預料，志聖的計劃不但沒能得到支持，還引起了部門主管強烈的反感。對於總編來講，在志聖和部門主管之間，他不能不考慮中層幹部的威信、情緒等因素，不能不維護管理階層；再者，越級報告事實上破壞了正常的管理模式，使總編憂慮。

越級報告失敗，志聖的處境可想而知，和部門主管關係的惡化，致使他的工作處於極端被動的狀態。無奈下他提出申請，要求調離文藝部去其他部門工作。

公司的組織機構是逐級上報的，絕大多數員工都有直屬上司、頂頭上司。在工作中，越級報告意味著要越過直屬上司，直接與頂頭上司說明你的看法或爭取權益。

通常，越級報告是一種危險的行為，會產生眾多不良後果，也往往容易傷害到自己。頂頭上司不喜歡越級報告，一般會「退回原級處理」，你無法收到預期效果。這還有可能導致你與直屬上司之間關係惡化，因為你這樣做明顯是對他的不尊重。事後就算他不炒你魷魚，也難對你委以重任。你的報告如果被同事們知道了，他們可能會「閒話」你，而讓你「裡外不是人」。

就算你的報告是非常正確的，你也是破壞了單位的正常運行程式，這會使頂頭上司頭疼。即使你成功了，他們也會心存芥蒂，認為你對他們也可能採取同樣

的行為。所以，一般情況下，不要打越級報告。

如果你把一個自鳴得意的企劃祕密地送到老總的桌上，然後以為最高決策層會對你的才華另眼相看，你會發現，這麼做的結果無非有兩種：

一是老總把你的報告送回部門經理那裡，令其按常規程式辦；二是老總將你的報告按下不動，好像沒有這一回事一般，另行啟用你所在的部門呈上的第二份計劃。

這兩種結果都不是你所要的，你這一「積極」，竟遭受了三重打擊，第一重打擊是，權衡再三，老總對你的急切心態持不置可否的態度，如果在挫傷部門經理的積極性和挫傷你的積極性之間選一個，他無奈中只能選後者；第二重打擊是，部門經理十有八九會對你從此「另眼相看」；第三重打擊是，經過這件事，眾人視你為急功近利之徒，這是否得不償失？

相信自己單槍匹馬的能量，是辦公室新人自負的體現。其實，在熟悉整個公司的流程，學會考慮各方的利益之前，一個人的奇思妙想常常是「空中樓閣」，是經不起推敲的。

在工作中，你若是想打越級報告，需要先檢視一下自己的動機，是為公司利益著想而不是為了個人利益。確認了這一點，你就能選擇正確的做法了。所以，在工作中你有什麼建議需要打報告時，一定要逐級上報。最好先與直屬上司進行溝通，這樣才能收到更好的效果。

11 爛蘋果肯定是最早被剔除

職場潛規則

我們都有這樣的經驗：在水果盤裡，爛蘋果最先被扔掉。公司就是一個大的水果盤，如果你不能成為最優秀，反而是最爛的一個，那麼你就是最早被解雇的那個人。

用高效率去工作的員工，永遠是公司的支柱。對一個公司來說，這樣的員工是老闆最重要的資本——品牌、設備或產品都無法和他們相比。正是他們創造了這一切，包括產品、服務、客戶等。

對企業來說，擁有高效的優秀員工，企業的發展就能蒸蒸日上。同樣，擁有那些逃避責任的末流員工而不及時剔除的話，他們就會像一顆爛蘋果一樣，迅速將箱子裡的其他蘋果腐爛掉，而企業也會被慢慢腐蝕掉。所以，對爛蘋果——末流員工，必須剔除。

讓我們看一下通用電氣的首席執行官傑克‧韋爾奇是怎樣對待爛蘋果員工的：每年，我們都要求每一家GE公司為他們所有的高層管理人員分類排序，其基本構想就是強迫我們每個公司的領導對他們領導的團隊進行區分。

他們必須區分出：在他們的組織中，他們認為哪些人是屬於最好的二十％，哪些人是屬於中間大頭的七十％，哪些人是屬於最差的十％。

如果他們的管理團隊有二十個人，那麼我們就想知道，二十％最好的四個和十％最差的兩個是誰，包括姓名、職位和薪金待遇。表現最差的員工通常都必須走人。

韋爾奇把員工分為A、B、C三類。C類即爛蘋果——末流員工。

A類是指這樣一些人：他們激情滿懷、對使命負責、忠誠於任務、執行講究

效率，積極主動、勇於創新……他們不僅自身充滿活力，而且有能力幫助和帶動自己周圍的人，能提高企業的生產效率，同時還讓企業經營充滿熱情。

B類員工是公司的主體，也是業務經營成敗的關鍵。我們投入了大量的精力來提高B類員工的水準。我們希望他們每天都能思考一下為什麼他們沒有成為A類，經理的工作就是幫助他們進入A類。

C類員工是指那些不能勝任自己工作的人。他們懼怕困難，更多的是逃避與推諉，使得目標落空。你不能在他們身上浪費時間，儘管我們要花費資源把他們安置到其他地方去。

對A、B、C三類員工，韋爾奇是怎樣做的呢？

A類員工得到的獎勵應當是B類的二～三倍。對B類員工，每年也要確認他們的貢獻，並提高工資。至於C類，則是什麼獎勵也得不到。

每一次評比之後，我們會給予A類員工大量的股票期權。六十%到七十%的B類員工也會得到股票期權，儘管並不是每一個B類員工都能得到這種獎勵。

失去A類員工是一種損失。一定要熱愛他們，擁抱他們，親吻他們，而不要失去他們。每一次失去A類員工之後，我們都要做事後檢討，並一定要追究造成這些損失的管理層責任。

有些人認為，把我們員工中底部的十%清除出去是殘酷或者野蠻的行徑。事情並非如此，而且恰恰相反。在我看來，讓一個人待在一個他不能成長和進步的環境裡，才是真正的野蠻行徑或者「假慈悲」。

對待「爛蘋果」員工，韋爾奇說得很明白——毫不「慈悲」，立即剔除。

對韋爾奇的做法，戴爾公司董事長兼CEO邁克爾・戴爾也深有同感。當問到邁克爾解雇一名「爛蘋果」員工時，他通常採用什麼方法，邁克爾回答說：「動作要快，越快越好。如果有人持續表現欠佳，你可能以為等待會對他有利，那你就全錯了。實際上，你會把事情搞得更糟。」

2

加薪沒有祕密，就是你更加值錢了

老闆經由付費來購買你的進步

員工進步，企業才能進步。員工的能力越強，企業才可能越有市場競爭力。老闆為何樂意為你的進步買單？其根源就在於：你的進步會使公司的收益更大。

培訓成本就是指培訓員工所要付出的人力、物力、財力的總和。表面上看，培訓的最大收益是員工個人——因為接受培訓，他們的職業技能獲得增強。可是，老闆為什麼願意支付員工的培訓成本呢？

我們先看幾個案例：

在日本汽車企業裡，當有新的工作需要時，一般是重新培訓現有的員工，透過內部調節來滿足需要。企業認為，對已具備本企業工作所需的軟知識和軟技能的員工進行培訓，讓其學習某項硬技能，比讓一個具備某項硬技能的外來人重新學習，和掌握本企業的軟知識和軟技能，將會更快更合算。

外部招聘來的管理人員或專業人員，無論其能力多強，均需在企業工作相當長一段時間，才能熟悉企業內部的制度和體系，才有可能得到提拔。他們認為，只有將他們進行培訓，他們才能徹底地融入到公司裡去。

在惠普公司的理念中，員工培訓被認為是投入產出比最高的投資。其培訓過程由「硬」到「軟」，不斷深化。先是從「技術業務知識」培訓，然後逐步遞升到對「溝通技巧」、「文化、思維」等方面的培訓。這種培訓思路體現出惠普在培養人才方面的一種哲理——打造全方位人才。惠普的領導者認為，擁有高素質人才，才是企業騰飛的基礎。

員工進入惠普，一般要經歷四個自我成長的階段。

第一個階段是自我約束階段，不做不該做的事，強化職業道德；然後進入自我管理階段，做好應該做的事——本職工作，加強專業技能；進入第三階段，自我激勵，不僅做好自己的工作，而且要思考如何為團隊做出更大的貢獻，思考的立足點需要從自己轉移到整個團隊；最後是自我學習階段，學海無涯，隨時隨地都能找到學習的機會。正是由於員工的不斷成長，惠普在市場上才屹立不倒。

老闆為什麼要為員工支付培訓成本？從上述案例中就可看出端倪。精明的企業領導人不會幹傻事。雖然培訓能使員工直接受益，只要員工為一直為企業服務，最大的受益方顯然是企業本身。老闆付出任何成本都是希望看到它有投資回報率，可能是長期回報，也可能是短期見效。但對於沒有任何投資回報率的投資，任何老闆都不會拿自己的錢來打水漂。

在世界優秀的企業裡，員工培訓被認為是企業投資回報率最高的可增值投資。相當於花了大錢買了一支績優股。用五十萬買一支績優股和用十萬買一支垃圾股的區別。十萬買的垃圾股可能在一個月內跌的傾家蕩產，但五十萬買的績優股會讓你在幾年之內翻上幾倍。這就是優秀企業注重培訓投資的根本原因——他們看重的是培訓帶來的長期效益，而不是短期暴利。

據美國教育機構統計，企業在員工培訓方面每投入一美元，便可有三美元的產出。美國《財富》雜誌指出：「未來最成功的公司，將是那些基於學習型組織的公司。」成功學大師克里曼斯通說：「全世界所有員工最大的福利就是培訓」。

培訓效果的最有力說明就是員工專業知識、專業素養以及業務水準的增長，公司並從員工職業水準增長中獲得高於培訓投資的收益。一個好的員工為公司創造的效益比起公司為他所支出的成本，可能是幾倍或者幾十倍。

比如說，一個專業素養較差或者專業知識不夠豐富的員工去跟客戶談這次合作的專案，最有可能的結果就是失敗。只有一個專業的業務人員才能為公司帶來訂單，創造效益。而這些專業素養和知識水準，都是需要經過嚴謹的培訓才能得出。這就要求企業為人力資源培訓不斷的付出成本，同時出了效果以後又會為公司帶來巨大的收盜，而形成了一個良性的循環。

許多優秀的企業他們用出色的業績證明了培訓投資的正確性和高回報率。這些優秀的企業管理者認為，員工培訓可以提高員工的自覺性、積極性、能動性、創造性和企業歸屬感，來增加企業產出的效益和組織凝聚力，並為企業的長期戰略發展培養後備力量，進而使企業長期持續受益。

02 加薪是你與上司的心理博弈

職場潛規則

老闆總是希望員工的工資越低越好，這意味著他為人力資源支付的成本越來越少。而員工恰恰相反，每個人都在想著如何增加薪水。要想加薪，你必須贏得這場與上司的心理博弈。

安勤大學畢業後，去了一家私人企業工作。才剛畢業的他，並不懂得社會的諸多「規則」。每當公司發薪資的時候，他總喜歡追問別人：「你的薪資是多少？」結果可想而知，同事們都紛紛避之不及。安勤起初還很納悶：問一下有什麼大不了的，難道這還需要保密？慢慢地，安勤明白了其中原因：原來在公司裡，不同職務員工的工資有著很大的差別。

一次無意中，安勤看到和自己同樣職位同事的薪資條，他發現自己的工資比這個同事少了很多。安勤覺得有些奇怪，因為自己早已過了試用期，怎麼薪資會存在這麼大的差距。正好，安勤也正打算和老闆提一下加薪的問題，於是他決定趁這個機會和老闆談談。

一次午飯後，安勤找到了老闆，他直接開門見山：「老闆，有一件事我不是很明白。我發現這幾個月來，我的薪資一直比別的同事少。是不是我的試用期過了，但人事那邊正式聘用的手續還沒有辦好？」老闆聽完後，並沒有馬上做出回應，而是很認真地答應先去人事瞭解下情況。

第二天，老闆便正式通知安勤：「你的薪資早幾個月前就應該加上去了，只是人事和財務在交接上一時沒辦好手續。這樣，為了補償，我會把你的薪資再往上提一些，這也符合你的工作表現。」

經由一次合理的試探，安勤便得到了加薪的機會。這是一種直接提出加薪的要求，當然還可以透過「曲線救國」的方式獲得加薪，比如假意辭職。

不過，以辭職作為加薪的手段需要有一個重要前提，那就是辭職者得具有讓足夠的價值。如果老闆完全可以重新聘請別人來代替辭職者，那麼辭職者很可能「搬起石頭砸了自己的腳」，加薪不成，工作也會丟了。

哲洋是一家創業型公司的骨幹，他的一個老同學在另一家公司幹得不錯，也力邀哲洋加盟自己的公司，還說他們老闆已經給他留好了位置，月薪也要比哲洋現在的薪資多出許多。

哲洋有自己的考慮，公司創立之初他就進入了，畢竟有一些感情。同時，公司的老闆平時對自己不錯，自己在公司上班也一直蠻開心的。不過薪水畢竟是個誘惑，如果公司老闆再給他加薪，他就不會想離開現在的公司了。

於是，哲洋在一次和老闆單獨吃飯的時候，把老同學的邀請和老闆說了一下，並表示如果老闆找到接替他的合適人選，他才會考慮離開，如果暫時還沒有合適人選，他會繼續留在公司。老闆是個聰明人，在感動之餘，當然也明白哲洋的心思。當月的月底，哲洋的薪資就比上個月多了許多。這樣一來，哲洋也安心繼續留在公司了。

提到加薪問題，很多上班族們一直很苦惱。加薪是一場員工和老闆的博弈，絕不僅僅是簡單地老闆「隨口說說」。員工一方面想讓薪水符合自己的付出，而老闆則需要讓自己的支出更貼合自身的利益。作為員工要想獲得這場博弈的勝利，成功為自己加薪，首先需要瞭解加薪的來源。

一些業績優秀的企業每年工資都有一定的向上浮動，這就是所謂的「例行加薪」，這是好的企業用來留住人才的最常用手段。另外，職務的升遷也會帶來薪水的增加，這與個人的核心競爭力直接相關，工作能力要求不同，貢獻自然不同，回報增加是當然的事。提升核心競爭力，就需要掌握新的技能，讀碩士、讀博士、出國留學等等都很有效。只要不放棄過去的職業累積，有了這些新技能，加薪是遲早的事。

當然，跳槽也能帶來加薪。很多人能夠透過跳槽不斷提高「身價」。所以，在做好本職工作之餘，還要用心包裝自己，展示自己。一旦被獵才公司盯上，其實就是被加薪盯上。

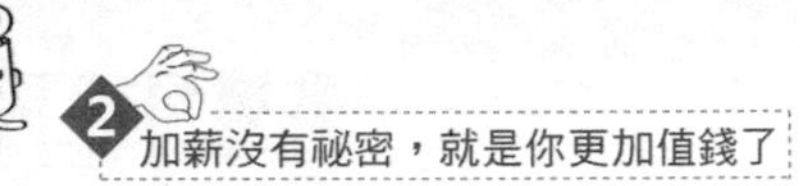

在瞭解完加薪的來源後，就需要有一定的策略。

首先，如果想要讓老闆加薪，那麼就必須主動提出來。改用一下周星馳電影《大話西遊》中一句臺詞：「加薪，你要你就說嘛，你不說我怎麼知道你要呢？」如果員工不提，任何方法都是無用的。

談加薪也講究天時、地利、人和。天時就是了解自己企業的實際情況，不要在不適當的時機提出要求，地利就是分析自己是否已經做出可以加薪的成績，人和自然是要揣摩老闆的心理和作風。

在分析清楚狀況後，需要有一個強有力的加薪理由來幫助自己的願望達成現實。「我要承擔更多的責任，我想要創造更多的價值。」這是一個現今職場中最常用，也最為容易地使老闆接受的理由。

在選定加薪理由後，最後一步與老闆的加薪溝通就變得至關重要。要選對合適的時間，合適的場合，以及合適的姿態。選擇老闆情緒愉悅、相對關注度高的時間段，反過來理解就是，不要選擇老闆心情不好和公司事情多的時候談加薪。

在向老闆要求加薪時，除了把加薪的理由說清楚外，更重要的是確定自己提

出的加薪數額。提出的數額，應該超出自己覺得應該得到的數額。一般人請老闆提薪資，提的數額不多。但是這種低數額的要求對他們有害無益。提的數額越低，在老闆眼裡的身分也就越低。這就是博弈的特點，標價太低的物品，反而比標價過高的物品更容易把買主嚇跑。如果提的數額合理或者略高一些，老闆反而會重新考慮你的價值，對你的工作和貢獻做更公正的評價。即使沒有得到要求的數額，老闆也會改變對你的看法，會試圖進一步的瞭解你。

其實，與老闆形成的加薪博弈中，在通常情況下，老闆會綜合考察員工的能力和價值，判斷出加薪的幅度，並以此作為討價還價的依據。如果員工的理由充分，又有事實根據，即使與老闆的看法存在出入，那麼老闆也會設法協調，讓雙方達到均衡。

如果員工遲遲不提加薪的問題，在加薪的對局中始終處於被動。那就像鬥雞博弈中的公雞，在加薪的選擇上，選擇退卻，那麼老闆可能會分配給你更多的工作，報酬卻不一定增加。因為在這場博弈中，最終取得勝利的是老闆。

03 為公司贏利，就是替自己加薪

職場潛規則

贏利——是任何一家在市場中生存發展的公司的根本目的。創造最大的財富，是公司老闆和所有員工最大，也是最為一致的目標。作為員工，一定要為公司創造財富，而且要把為公司創造財富當做光榮的使命。只有這樣，老闆才會給你加薪。

今天，世界上所有的公司只為一個目的而存在：那就是賺錢。日本企業家松下幸之助說過：「企業家不賺錢就是犯罪。」那麼，作為企業的員工，為公司獲取利潤也是每個員工不可推卸的責任和使命。

每年年終分紅的時候，那些業績好的員工一定是表彰大會的主角。他們得到鮮花、美酒，當然豐厚的獎金也是少不了的。很多世界級企業，每到年終就會進行以業績為主的員工排位，排在前列的員工不用說一定會春風得意，而排在後面的不但臉面無光，還隨時會有被老闆解雇的可能。

許多企業實行員工末位淘汰制，以此來激勵員工。百事可樂就是這樣一個以「業績決定員工成就」的公司。那些業績優秀的員工能得到公司的嘉獎，而那些業績不佳的員工則不斷地被淘汰。這種以「業績論成敗」的價值觀，塑造了一支有著極強戰鬥力的員工隊伍，進而使百事可樂逐漸發展壯大。

只要有替公司賺錢的責任感，你自然會付諸行動。公司發展了，員工才有可能有較好的回報。因此，從某種意義上來說，為公司賺錢就是為自己加薪。

報紙上的一則招聘啟事吸引了育廷：某書店招聘管理人員，要求大學本科畢業，熟悉書店的管理流程，懂電腦，待遇面議。

對於書店，育廷有一種天然的親切感，要是能在書店工作，那也算是一個不錯的選擇。於是他帶著那份充滿希望的報紙去應徵了。

接待育廷的是個年輕女孩，看了育廷的學歷證書和個人簡歷後，她欣喜地問：「你是語文老師，還在報刊上發表過文章？」育廷連忙拿出自己的教師資格證放在女孩面前，自信地說：「是呀，我愛讀書，知道大家愛讀什麼書。」

女孩點點頭。育廷被錄用了，試用期月薪兩萬二。「不過，你必須儘快對書店的經營制定一份計劃，你的薪資是自己發的，沒有業績就走人。」老闆說話的時候冷冰冰的，他讓育廷沒有一點討價還價的餘地。

「你的薪資是自己發的，沒有業績就走人」，這句話育廷時刻記在心裡，並且在一張白紙上寫下來，貼在家裡的牆上。每天上班出門前，育廷都要把這句話在心中默念十次，這成了育廷每天的功課，他十分珍惜書店的工作。

之前因為疏於打理，書店的生意只是勉強維持，迫切需要一個人來扭轉乾坤。但其實，書店的位置優勢不錯，周圍有住宅區和兩所學校。針對這種現狀，育廷很快拿出了自己的方案：調整書店的經營定位，以教輔書、成功勵志書和期刊為主；引入會員制，培養一批忠實顧客，將書店裡的所有書籍按類別登記錄入電腦，方便顧客查詢……

老闆經過考慮後，認可了育廷的方案。在育廷和其他員工的努力下，書店的營業額節節攀升。老闆非常滿意，將育廷的待遇提到月薪三萬二加年終提成，同時宣佈育廷為書店經理，全面負責書店的日常經營。

員工必須有這樣一個簡單而重要的觀念——沉住氣，全力以赴出業績，為公司賺錢。這是每名員工的職責和使命。只要員工有了這種使命感和責任感，並習慣基於這種理念行事，就會得到相應的報酬。我們每天都要用業績來換自己的報酬，也要用業績來證明自己的實力。只有沉下心來，歷練出自己的實力，用業績說話，才能獲得升職和加薪的機會。

比爾．蓋茲說：「能為公司賺錢的人，才是公司最需要的人。」公司不是慈善機構，老闆不會允許那些沒有業績，不能為公司賺錢的人待在公司裡。無論你從事哪一行，你都必須沉住氣，用良好的業績證明你是公司珍貴的資產。你為公司創造的業績多，你的薪水自然也會增加。

04 公司喜歡給不看重薪水的人加薪

職場潛規則

如果你只為可憐的工資而活，那麼你很可能淪為它的奴隸。工作所給你的，要比你為它付出的更多。如果你將工作視為一種積極的學習經驗，那麼，每一項工作中都包含著許多個人成長的機會。

盛夏的一天，一群人正在鐵路的路基上工作。這時，一列緩緩開來的火車打斷了他們的工作。火車停了下來，一節特製的並且帶有空調的車廂的窗戶被人打開了，一個低沉的、友好的聲音傳了出來：「大衛，是你嗎？」

大衛・安德森——這群工人的主管回答說：「是我，吉姆，真高興見到你。」於是，大衛・安德森和吉姆・墨菲——鐵路的總裁，進行了愉快的交談。在長達一個多小時的愉快交談之後，兩人熱情地握手道別。

大衛・安德森的下屬立刻包圍了他，他們對於大衛是墨菲鐵路總裁的朋友這一點感到非常震驚。大衛解釋說，二十多年以前他和吉姆・墨菲是在同一天開始為這條鐵路工作的。

其中一個下屬半認真半開玩笑地問大衛，為什麼你現在仍在大太陽下工作，而吉姆・墨菲卻成了總裁。大衛非常惆悵地說：「二十三年前我為一小時二美元的薪水而工作，而吉姆・墨菲卻是為這條鐵路而工作。」

與其只想著工作可以為你帶來多少錢，還不如想著自己的工作多麼有成就感。當你在工作時，內心淡化薪水對你的影響，你就能取得卓越的成績。

以挑戰極限著稱的已故藝人柯受良，成名之前只是一個愛飆車的城市青年，但為了養家糊口，他開始從香港電影的最底層——特技演員做起。當時香港電影界並不特別重視特技，但因是自己的愛好，柯受良也不計較報酬。

直到一九八一年黃百鳴的公司籌拍由曾志偉導演，張艾嘉、許冠傑、麥嘉主演的電影《最佳拍檔》，片中需要一個特技動作，即從一幢商業大廈的三樓破窗而出。好萊塢的特技師開價是一百萬港幣，但那時電影公司的資金根本不夠。

曾志偉說：「等著，我給你們找個哥兒們來！」大家因此認識了柯受良。

柯受良二話不說，也不用任何替身，自己騎著摩托車從一幢商業大廈的三樓破窗而出。這一個被當時眾多外籍特技演員視為絕不可能完成的特技動作，被他漂亮地完成了，柯受良從此名聲大噪。

柯受良的成功就如同那些職位低、薪水微薄的人，忽然間被提升到一個重要的位置上，看起來似乎有些莫名其妙，常常遭受人們的質疑。但實際上，當他們拿著微薄的薪水時，卻始終沒有放棄努力，始終保持一種盡善盡美的工作態度，滿懷希望和熱情地朝著自己的目標而努力因而獲得了豐富的經驗，而這些才是他們成功的真正原因。

英國著名科學家法拉第想進皇家科學院工作，知情人士告訴他：在那裡，工作是十分勞累的，而且報酬還很少。但法拉第毫不在乎地說：「工作本身就是一種報酬。」

一個以薪水為個人奮鬥目標的人無法走出平庸的生活模式，也永遠不會有真正的成就感。雖然工資應該成為工作目的之一，但是從工作中能真正獲得的更多東西，卻不是鈔票。

在工作中，應該注意工作本身帶給你們的報酬。譬如發展自己的技能，增加自己的社會經驗，提升個人的人格魅力……與你在工作中獲得的技能與經驗相比，工資會顯得不那麼重要了。老闆支付給你的是金錢，你自己賦予自己的，是可以令你終身受益的黃金。

能力比金錢重要萬倍，因為它不會遺失，也不會被偷。如果你有機會去研究那些成功人士，就會發現他們並非始終高居事業的頂峰。在他們的一生中，曾多次攀上頂峰又墜落谷底，雖起伏跌宕，但是有一種東西永遠伴隨著他們，那就是能力。能力能幫助他們重返巔峰，俯瞰人生。

不要為薪水而工作。工作固然是為了生計，但是比生計更可貴的，就是在工作中充分發掘自己的潛能，發揮自己的才幹，做正直而純正的事情。如果工作僅僅是為了麵包，那麼生命的價值也未免太低俗了。

人生的追求不僅僅只有滿足生存需要，還有更高層次的需求，有更高層次的動力驅使。不要麻痺自己，告訴自己工作就是為了賺錢——人應該有比賺錢更高的目標。

工作的品質決定生活的品質。無論薪水高低，工作中盡心盡力，積極進取，能使自己得到內心的平和，這往往是事業成功者與失敗者的不同之處。把工作當作一個鍛鍊自己的快樂世界吧，工作是可以愉快地享受的。

05 比薪水更重要的是自我實現

職場潛規則

只有在追求「自我實現」的時候，人才會迸發出強大的熱情，才能最大限度發揮潛能。這種熱情不只是外在表現，它發自內心，來自員工對自己工作的真心喜歡。所以不要只盯著薪水，更為主要的，要考慮是否能夠實現自我的價值。

非洲的某個土著部落迎來了從美國來的旅遊觀光團，部落裡的人們雖然還沒有什麼市場觀念，可是面對這樣好的賺錢商機，自然也是不會放過的。

部落中有一位老人，他正悠閒地坐在一棵大樹下面，一邊乘涼，一邊編織著草帽，編完的草帽他會放在身前一字排開，供遊客們挑選購買。他編織的草帽造型非常別致，而且顏色的搭配巧妙，可以稱得上是巧奪天工，讓遊客們紛紛駐足購買。

這時候一位精明的商人看到了老人編織的草帽，他腦袋裡立刻盤算開了，他想：這麼精美的草帽如果運到美國去，我敢保證一定能賣個好價錢，至少能夠獲得十倍的利潤吧。

想到這裡，他不由得激動地對老人說：「朋友，這種草帽多少錢一頂呀。」

「十塊錢一頂。」老人對他微笑了一下，繼續編織著草帽。他那種閒適的神態，真的讓人感覺他不是在工作，而是在享受一種美妙的心情。

「天哪，如果我買十萬頂草帽回到國內去銷售的話，我一定會發大財的。」商人欣喜若狂，不由得為自己的經商天才沾沾自喜。

於是商人對老人說：「假如我在你這裡訂做一萬頂草帽的話，你每頂草帽能給我優惠多少錢呢？」

他本來以為老人一定會高興萬分，可是沒想到老人卻皺著眉頭說：「這樣的話啊，那就要一百元一頂了。」

要每頂一百元，這是他從商以來聞所未聞的事情呀。「為什麼？」商人大叫。

老人說出了他的道理：「在這棵大樹下沒有負擔地編織草帽，對我來說是種享受，但如果要我編一萬頂一模一樣的草帽，我就不得不夜以繼日地工作，不僅疲憊勞累，還會成了精神負擔。難道你不該多付我些錢嗎？」

當我們把工作當作快樂的享受時，一切顯得那麼愉悅。然而，當工作已成為你生命的「負擔」時，你會認為沒有什麼比工作讓人痛苦。既然如此，我們何不換一下角度想一下呢？那個老人只把編草帽當美好的享受，他滿心得到的都是工作的快樂，而追逐金錢的結果會令他無比疲憊。

我們可能沒有仔細考慮過為什麼要工作，大多數人會認為是為了生存。如果是這樣的話，那麼比爾·蓋茲為什麼還要工作？只有在追求「自我實現」的時候，人才會迸發出持久強大的熱情，才能最大限度地發揮自己的潛能，最大限度地服務於公司和社會。

比爾．蓋茲的財產淨值大約是四百六十六億美元。如果他和他太太每年用掉一億美元也要四百六十六年才能用完這些錢——這還不包括這筆鉅款帶來的巨大利息。那他為什麼還要每天工作？

著名的大導演史蒂芬．史匹柏的財產淨值估計為十億美元，雖然不像比爾．蓋茲那麼多，不過也足以讓他在餘生享受優裕的生活了，但他為什麼還要不停地拍片呢？

美國Viacom公司董事長薩默．萊德斯通在六十三歲時，開始著手建立一個龐大的娛樂商業帝國。六十三歲，在多數人看來是盡享天年的時候，他卻在此時做了很重大的決定，讓自己重新回到工作中，而且，他總是一切圍繞Viacom轉，工作日和休息日、個人生活與公司之間沒有任何的界限，有時甚至一天工作二十四小時。你想，他哪來的這麼大的工作熱情呢？

諸如此類的例子還有很多。那些擁有了巨額「薪水」的人們，不但每天工作，而且工作相當賣力。

有的員工一定詫異，覺得有那麼多的錢為何還要那麼賣命，因為在他們看來

「巨額」的工作是為了錢。那麼，他們為何還要這麼做，真的是為錢嗎？還是看看薩默‧萊德斯通自己對此的看法：「實際上，錢從來不是我工作的動力。我的動力是對於我所做的事的熱愛，我喜歡娛樂業，喜歡我的公司。我有一種願望，要實現生活中最高的價值，盡可能地實現。」

根據馬斯洛的「需要層次」理論，人的自我實現是最高標準，也是人最大的動力和畢生的追求！

一些心理學家發現，金錢在達到某種程度之後就不再誘人了。員工對自己的工作、人生的追求不僅僅只有滿足生存需要，還有更高層次的需求，有更高層次的驅使。其中，實現自我的需要層次最高，動力最強。自我實現會使人迸發出無窮的工作動力。

即使你還沒有達到自我實現的境界，你也不要放棄自己——認為自己工作就是為了賺錢。不能有這樣的想法：「既然老闆給的少，我就少做一點，也沒必要費心地去完成每一個任務。」或者安慰自己：「算了，我技不如人，能拿到這些薪水也該知足了。」

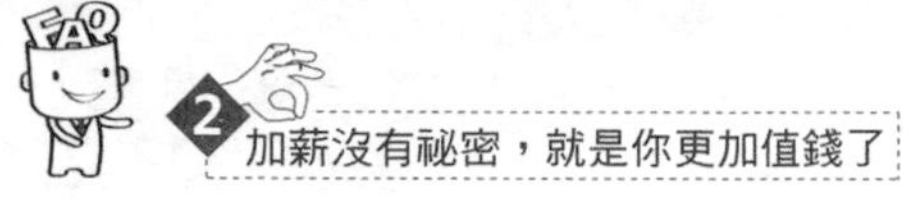

而應該牢記，金錢只不過是許多種報酬中的一種，你所追求的是自我提高，所以要保持積極的工作態度。消極的思想會讓你看不到自己的潛力，會讓你失去前進的動力和信心，會讓你放棄很多寶貴的機會，使你與成功失之交臂，也永遠無法達到自我實現的最高境界。

06 你輕視工作，老闆輕視你

職場潛規則

工作是老闆給你的，在某種意義上來說工作就代表著老闆。如果你輕視工作，對工作不能認真對待，一方面老闆會擔心你誤事或留下隱患，另一方面會覺得你的輕視是對他的不尊重。這樣，他就會輕視你。輕則對你不再重用，重則直接將你開除。

阿祥是一家汽車修理廠的修理工，從進廠的第一天起，他就開始喋喋不休地抱怨，「修理這工作太髒了，看我身上弄的」，「累死人了，我簡直要討厭死這份工作了」，「憑我的本事，做修理這工作真是太丟人了」……每天，阿祥都是在抱怨和不滿中度過。他認為自己受煎熬，像奴隸一樣出苦力。因此，他每時每刻都窺視著師傅的眼神、舉動，稍有空隙，他便偷懶的應付手中的工作。

幾年過去了，當時與阿祥一同進門的三個人，各自憑著自己的手藝，或另謀高就，或被公司去進修了，獨有阿祥，仍舊在抱怨聲中做著他蔑視的修理工。

由此可見，無論你正在從事什麼樣的工作，要想獲得成功，就不要輕視自己的工作。如果你也像阿祥那樣，認為自己的勞動是卑賤的，鄙視、厭惡自己的工作，對它投以「冷淡」的目光，那麼即使你正從事最不平凡的工作，也不會有所成就。羅馬一位演說家說：「所有手工勞動都是卑賤的職業。」從此，羅馬的輝煌歷史就成了過眼雲煙。令人惋惜的是，儘管歷史給予人們如此深刻的警示，在現代職場中，仍有許許多多的員工，認為自己所從事的工作是低人一等的。輕視自己正從事的工作，把工作視為衣食住行的供給者，視為不能避免的勞動。

工作本身沒有貴賤之分，但是對於工作的態度卻有高低之別。看一個人是否能做好事情，只要看他對待工作的態度。而一個人的工作態度，又與他本人的性情、才能有著密切的關係。一個人所做的工作，是他人生態度的表現，一生的職業，就是他志向的表示、理想的所在。所以，瞭解一個人的工作態度，在某種程度上就是了解了那個人。工作無貴賤之分。沒有卑微的工作，只有卑微的工作態度。在許多人看來，公務員、銀行職員或在公司的白領所從事的工作才稱得上是工作，才是值得做的工作。

如果人們只追求高薪與政府職位，是非常危險的。它說明這個民族的獨立精神已經枯竭；或者說得更嚴重些，一個國家的國民如果只是苦心追求這些職位，會使整個民族像奴隸一般地生活。其實，工作本身並沒有貴賤之分，無論是高層領導人還是平民百姓，無論是公司裡的高級管理人員還是普通員工，都不能輕視自己的工作。輕視自己的工作，無異於為自己的成功設置了一道不可逾越的障礙。

在職場中，我們常常聽到有人因不滿意自己的工作而大發牢騷，他們不僅認為自己從事的工作卑微，沒有任何價值，並且還以「做一天和尚撞一天鐘」的態度去應付工作。輕視自己的工作，看不起自己工作的人，通常是工作不敬業的人，也是在職場中最失敗的人。如果一個人輕視自己的工作，將它當成低賤的事情，那麼他絕不會尊敬自己。因為看不起自己的工作，所以感到工作艱辛、煩悶，自然工作也不會做好。

當今社會，有許多人不尊重自己的工作，不把工作看成創造一番事業的必經之路和發展人格的工具，而視為衣食住行的供給者，認為工作是生活的代價，是無可奈何、不可避免的勞碌，這是多麼錯誤的觀念啊！

那些看不起自己工作的人，往往是一些被動適應生活的人，他們不願意奮力崛起，努力改善自己的生存環境。對於他們來說，公務員更體面，更有權威性；他們不喜歡商業和服務業，不喜歡體力勞動，自認為應該活得更加輕鬆，應該有一個更好的職位，工作時間應該更自由。他們總是固執地認為自己在某些方面更有優勢，會有更廣泛的前途，但事實上並非如此。

不要輕視自己的工作，如果僅用世俗的標準來衡量你的工作，認為工作僅僅是為了麵包，那麼你工作的價值也未免太低俗了。人生的追求不僅僅只有滿足生存的需要，還有更高層次的需求，有更高層次的動力驅使。因此，工作固然是為了生計，但這絕不是最終的、唯一的目的。還有比生計更可貴的，就是透過工作

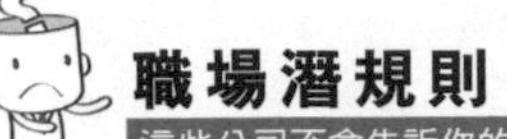

充分發掘自己的潛力，發揮自己的才幹。對工作的認識達到這一境界，你就會投注足夠的重視和十二萬分的熱情，成功才會尾隨而至，而你也就會成為老闆們競相聘請的對象。

你輕視工作，老闆輕視你。今天，有許多員工認為自己所從事的工作是低人一等的。他們身在其中，卻無法認識到其價值，只是迫於生活的壓力而勞動。他們輕視自己所從事的工作，自然無法投入全部身心。在工作中敷衍了事、得過且過，而將大部分心思用在如何擺脫現在的工作環境上了。

所有的老闆都不欣賞輕視工作的員工，因為你看不起工作意味著你同樣否定他的眼光，以及他苦心經營的公司。在老闆看來，評價一個員工的優劣，看一個員工是否能做好工作，只要看他對待工作的態度足矣。一個人所做的工作，是他人生態度的表現，一生的事業，就是他志向的表示，理想的所在。所以，瞭解你的工作態度，在某種程度上就是瞭解了你這個人。

所有的老闆都認為，一個不重視自己工作的員工，他絕不可能尊敬自己；一個不認真對待工作，視工作為低下卑賤及粗劣代名詞的員工，他的工作肯定做不好。與此相應，如果你輕視自己的工作，那麼，老闆也必然會因此而輕視你的品質，以及你的低劣的工作業績。

作為員工，不要幼稚地認為，你對工作的輕視目光會瞞得過老闆的視線。老闆們或許並不瞭解每個員工的表現，無法熟知每一份工作的細節，但是一位聰明而精明的老闆很清楚，你輕視工作帶來的結果是什麼，進而明智地根據你的認真程度，來設定你的未來。可以肯定的是，老闆讚許和賞識的，絕不會落在手持工作聳肩撇嘴的員工身上。

所有正當合法的工作都是值得尊敬的，只要你誠實地勞動和創造，沒有人能夠貶低你的價值，關鍵在於你如何看待自己的工作。那些只知道要求高薪，卻不知道自己應承擔的責任的人，無論對自己，還是對老闆，都是沒有價值的。尊重並熱愛你的工作是每個人的職責，也是神聖的義務。

07 高薪沒有祕密，就是高度負責

負責是創富的關鍵，只有我們把責任看成是自己的義務，看成是自己累積財富的交換工具和過程，只要我們做好自己的義務，不吝嗇自己的責任感，財富就在你面前。

管理大師德魯克說：「負責是成功的關鍵」只要能對自己負責，其他的事情自然就會水到渠成。而對你最重要的事不是地位的高低，而是責任。為了讓自己有責任感，你必須非常認真的看待自己的工作並在工作中獲得成長。

幾乎所有高薪的人都是這樣的人：高度責任心，工作態度認真，永遠抱有激情。一個不負責的人如同一個莽漢，對自己的行為不加約束，不加重視，做事既沒有嚴謹的負責精神和態度，也沒有清晰的規劃，自身價值不能得到提升，沒有任何老闆會為平庸的人支付高薪。

相反，一個有強烈責任感的人，則像一個有計劃的工程師，時時刻刻讓事情朝著自己想像的方向發展，也讓自己的職業能力得到大幅度增長，在組織中成為越來越重要的人物，創造的價值越來越大，為組織帶來的經濟效益越來越高，老闆自然願意支付高薪。

在一家皮毛銷售公司，老闆吩咐亨利、傑克、大衛去做同一件事情：去供應商那裡調查一下皮毛的數量、價格和品質。亨利只用了十分鐘就回來了，他並沒有親自去調查，而是讓下屬打聽了一下供應商的情況就回來彙報了。三十分鐘後，大衛也回來了彙報了：他親自到供應商那裡理解了皮毛的數量、價格和品質。

傑克兩小時後才回來，原來他不但親自到供應商那裡瞭解了皮毛的數量、價格和品質，而且根據公司的採購要求，將供應商那裡最有價值的商品做了詳細的記錄，並且和供應商的銷售經理取得了聯繫。在返回的途中，他還去了另外兩家瞭解那裡的皮毛商業資訊。將三家供應商的情況做了詳細的比較，最後還制定出了最佳的購買方案。這是老闆對他們辦事能力的一次考驗。後來傑克被提拔為主管，薪資翻了一倍。

美國標準石油公司有一位職員叫阿基勃特，他在出差或者住旅店的時候，經常在簽名字的時候寫上這樣一句話：「每桶四美元的標準石油！」在寫信或者寫收據的時候也一樣。只要寫了名字就一定會寫上這句話。因此他的同事都叫他：「每桶四美元」。反而他的真名字倒是沒人叫了。

該公司董事長洛克菲勒知道這件事情以後說：「竟有職員如此努力宣傳自己公司的聲譽，讓他明天來見我。」於是他邀請了阿基勃特共進晚餐。後來洛克菲勒卸任後，阿基勃特成了美國標準石油的第二任董事長。

也許，在我們看來，在簽名字的時候寫上：「每桶四美元的標準石油」這並沒有什麼，但是阿基勃特做了，而且這件事情還不是他範圍內的工作。但他認為自己是標準石油公司員工，就應該時刻為公司想著，或許標準石油公司比他有才的人多的是，可是他卻被任命為標準石油公司的第二任懂事長。寓意何在？

一九二〇年的一天，美國一位十二歲的小男孩正與他的朋友在一片空地上踢足球，一不小心，這個小男孩將足球踢到了空地旁邊的一戶人家的窗戶上，把一塊窗玻璃被擊碎了。

一位中年婦女立即從屋裡跑出來，非常生氣的樣子，大聲責問是誰做的。夥伴們紛紛逃跑了，小男孩卻走到婦女跟前，低著頭向她認錯，並請求寬恕。然而，這位婦女依然十分固執，小男孩委屈地哭了。最後，她同意小男孩回家拿錢賠償。

小男孩很氣餒地回到了家，闖了禍的他怯生生地將事情的經過告訴了父親。父親並沒有因為其年齡還小而開恩，而是板著臉沉思著一言不發。坐在一旁的母親為兒子說情，開導著父親。

過了不知多久，父親才開口說道：「我們家裡雖然有錢，但是他闖的禍，就應該由他自己對過失行為負責。」停了一下，父親掏出了錢，嚴肅地對小男孩說：「這二十美元我暫時借給你賠給人家，不過，你必須想辦法還給我。」小男孩從父親手中接過錢，飛快拿過去賠給了那位中年婦女。

從那以後，小男孩一邊刻苦讀書，一邊用閒置時間打工賺錢。有時他到餐館幫別人洗盤子洗碗，有時到馬路邊撿回收。經過幾個月的努力，他終於賺到了二十美元，並自豪地交給了他的父親。父親欣然拍著他的肩膀說：「一個能為自己的過失行為負責的人，將來一定會有出息的。」

這個男孩就是雷根。許多年以後，這位男孩成為美國的總統。後來，雷根在回憶往事時，深有感觸地說：「那一次闖禍之後，使我懂得了做人的責任。」

從經濟學的角度來看待工作責任感；責任感的工作對象是組織，責任感的行為結果是為公司創造價值，進而使自己獲得價值。責任不僅使使企業受益的行為，也是使個人受益的行為，責任能夠使企業和個人實現價值雙贏。

有這樣一個故事：

一隻狐狸請仙鶴吃飯，狐狸把湯盛在碟子裡，仙鶴的嘴吃不到，狐狸的舌頭把湯全舔個精光。後來仙鶴回請狐狸，把美味的飯菜裝在長頸窄口瓶裡，狐狸吃不到，只好空著肚子回去。

這是自私的結果。自私永遠實現不了雙贏，而是一方贏一方輸。從另一個角度來看，也可以說，合作與互助才有互利。其實這也就是我們所說的「人人為我，我為人人」。而責任感的行為本質就是當你為別人、組織或者事務盡責的同時，你就是在和別人、組織進行互動、互助和合作，別人、組織因為你的付出而受益，他們也會使你因為責任感而獲得回報。

當個人或企業為個人收入最大化勞動，或者為企業利潤最大化生產時，整個社會的財富都增加了。當一國為國家繁榮而實現經濟增長時，其他國家也會透過國際貿易或資本流動而獲益。但自私自利則會讓人以鄰為壑，損人利己，其結果就像寓言中講的那樣，仙鶴在狐狸家喝不到湯，狐狸從仙鶴家空著肚子回去，雙雙受害。

負責是自我創富的關鍵，只有我們把責任看成是自己的義務，看成是自己累積財富的交換工具和過程，只要我們做好自己的義務，不吝嗇自己的責任感，財富就在你面前。

08 要求加薪，有可能會誤傷你

職場潛規則

要求加薪，對於一部分人而言容易造成「心理傷害」：如果要求不能如願，會覺得很沒有面子，可能就會因為「爭取面子」而衝動選擇辭職。這是一種「誤傷」。為了避免這種「誤傷」，就需要靈活處理好要求加薪這件事，爭取做到「如願加薪，皆大歡喜。」

大學畢業後政彥在一家外商公司工作，因為是第一份工作，所以格外珍惜，他工作很努力，老闆對他的工作態度也很肯定，還多次表揚了他，但卻從沒有提過給他升職加薪的事。

一次偶然的機會，他得知和他一起進公司的一位女同事的薪資早已是他的兩倍，但是她的工作不見得比他優秀多少，所以他心裡很不平衡，於是就找到老闆開門見山地表達了他的不滿，並要求老闆給他加薪，否則他就辭職。

可是老闆並沒有理會他的要求，政彥因此對工作失去了熱情，開始敷衍應付起來。一個月後，老闆把他的工作移交給了其他員工，大概是準備「清理門戶」了。他也覺得再做下去沒什麼意思，於是遞交了辭呈。

接下來他又找到了一份工作，他仍舊很努力，連續幾次在部門的成績考核中名列前茅，但薪水依舊沒有增加，升職也似乎很渺茫。

此後，他陷入了深深的苦惱之中，不主動提升職加薪吧，覺得委屈難受；提了，又害怕像上次那樣遭受失業之苦。此刻他多麼希望能找到一個適當的方式來順利達到自己的願望。

對於大多數工作的人來說，獲得升職加薪縱然不是唯一目的，但也是至關重要的。如果對薪水和職位不滿，是否可以透過一定的方式讓老闆為你升職加薪？

有時候也不必總是消極等待，可以採取一些積極主動的措施，可直接向老闆提出，也可間接進行。

直接的方式，主要是自己主動要求升職加薪。可是，這對於每個人來說，幾乎都是一件極度尷尬與極度緊張的事，並不太能輕而易舉地做到。有過這種經驗的人，都能體會到下面三種心理負擔：第一，萬一被拒絕了怎麼辦？第二，應該怎樣開口？而老闆又會怎麼說？第三，如果老闆採取刻意挑剔的舉動，我該怎麼辦？這三種心理負擔，容易使有意要求升職加薪的人望而卻步。

那麼，在要求升職加薪的時候，有沒有一種既能減輕心理負擔又能達成目的方法存在？這是一個難以貿然做出回答的問題。因為要求升職加薪者心理負擔的大小，以及獲取這種機會可能性的高低，取決於多種因素。比如，上司的性格，企業營運狀況，企業的薪資結構，要求升遷者的資歷、年齡、工作表現，等等。這些因素，都是決定升職加薪的主、客觀兩個方面的條件，不僅十分繁多而且非常複雜。

儘管如此，我們還是應當想方設法要求升職和加薪為好。善於向上司提出這種要求，也是一種重要的技巧。此外，值得注意的是，實現升職加薪的願望，還得審時度勢。如果員工對自己的業績比較有自信，並且經過明察暗訪，知道自己的薪水在同行或公司同等職位員工中偏低，可以主動向老闆提出加薪，但必須是在時間、地點、場合條件都具備的情況下。

提出加薪的最佳時機，一般是在公司每年年底進行年度業績評估的時候。公司要根據評估的結果，在第二年的年初進行職位、薪酬等各方面的調整，因此在評估結果出來之後，如果自己的業績不錯，與其他員工進行合理比較後發現有升職加薪的空間，那麼可以以業績為資本向老闆提出要求，這樣做成功的可能性較大。

冒險升職加薪是在對職位薪資有了充分瞭解，對業績也有充分自信，同時還留有「後路」的情況下，尋找一個老闆比較休閒的時機，如公司活動、節慶等，在輕鬆的氣氛下適時給老闆一點非正式的暗示，一次不奏效，多試幾次往往能引起老闆警覺。但這樣的方式要冒一定的風險，所以一定要把握分寸、找準時機，否則可能「偷雞不著蝕把米」。另外，一定要適應老闆「先做事、後加薪」的方式，沒有業績，加薪就免談。

需要提醒的是，要求加薪，必須避開以下幾個地方：

一、主動提出加薪時，切忌就談薪而談薪，直接衝到老闆的辦公室，說：「我要加薪！」如此，你馬上會得到老闆一百個拒絕的理由。

二、切忌拿其他員工的薪水和能力水準跟自己作比較，以此向老闆要求升職加薪。

三、切忌選擇不適宜的時間，在公司某項業務進展不好、老闆正被公司的某件大事擾得心情不好的時候，去談這個問題。

四、切忌在提出加薪要求前沒有做好充分準備，不先研究同行業相關職位薪酬的大數據，再根據自己工作中的表現，評測一下老闆對自己的重視程度，而貿然提出不合理的要求。

09 老闆會善待第一個要求加薪的人

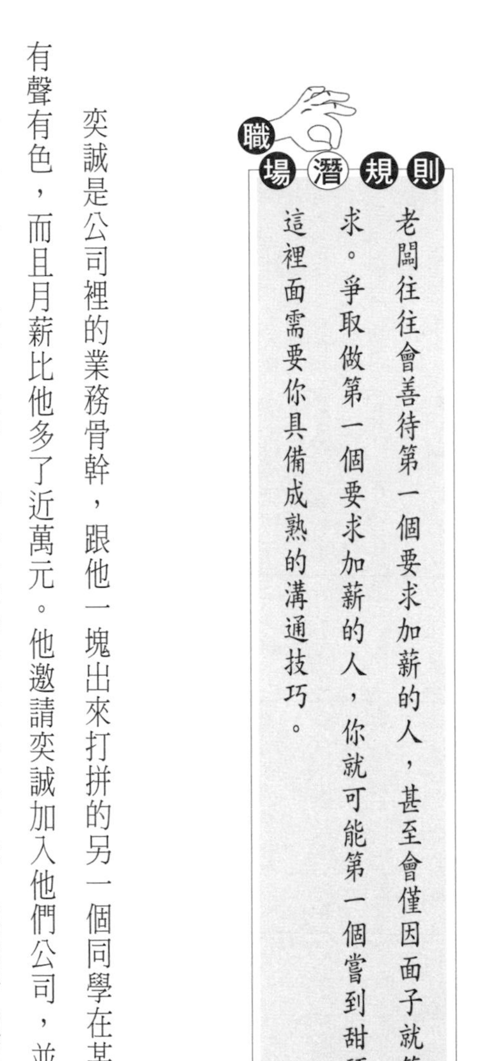

老闆往往會善待第一個要求加薪的人，甚至會僅因面子就答應你的要求。爭取做第一個要求加薪的人，你就可能第一個嘗到甜頭。當然，這裡面需要你具備成熟的溝通技巧。

奕誠是公司裡的業務骨幹，跟他一塊出來打拼的另一個同學在某家公司幹得有聲有色，而且月薪比他多了近萬元。他邀請奕誠加入他們公司，並說他們老闆已經給他留好了位置，承諾月薪一定比原單位多五千元。奕誠考慮到自己的老闆平時對他不薄，而且自己工作也做得很順心，心想，只要老闆能給他加個兩千元，他就不想離開原公司。

但薪水畢竟是個誘惑，不提出來也不行。於是他找了機會把同學的意思向老闆說了，並說如果老闆有接替他的合適人選，他才會考慮離開，如果暫時還沒有合適人選，他寧願不要那份薪水繼續留在公司。老闆感動之餘自然明白了奕誠的心思。過了一個月，奕誠的薪資袋裡就多了兩千元。

加薪是每個上班族最大的夢想，也是許多人心中暗暗盤算的「陰謀」。既然我們能幫公司談成許多筆生意，也能為自己談成這個問題吧！

加薪談判和所有的談判都一樣，必須先稱稱自己的斤兩，再決定開口要多少。所謂薪水，其實就是我們的表現和老闆給的待遇在中間匯合的那個點。如果我們的表現老闆滿意，老闆給的待遇我們滿意，兩點基本上是匯合的，雙方都滿意；如果我們覺得自己表現很好，老闆給的待遇比預期的低，那就只有開口去要了。

既然去要錢，當然要先看看他「能」給什麼，他「已經」給了什麼，這樣才有談判的基礎。你必須先看看他能給什麼，要回答這個問題需先打聽一下，從事你這行的人有多少，有經驗的人又有多少，這些人的薪水大概是多少。

如果跟你同行的人很多，你所做的工作既不是特別了不起（不是某種特別的專業，也不是擁有什麼無人能及的技術與人緣），又不是特別繁重（某種工作沒人肯做，你要走了，主管得自己暫時做一段時間，而他又不願這樣做），你走了隨時有人替補，那就沒什麼談判的籌碼了。

如果「計算」之後，發現談判籌碼真的不多，你就得合計一下了：如果要求加薪不成，老闆生氣了，你還有哪一行可以「轉業」，或哪一家公司可以跳槽，那一行的行情又是如何。對於談判來說，最重要的就是要先想好「萬一」的時候，先找好退路。如果還沒有退路，就硬著頭皮亂衝，談判根本就不可能成功，因為你心中也沒一個底。如果你覺得自己的能力、業績足以超過別人……總之你有把握讓老闆知道你值得加薪，那麼你就不妨大膽地把你的要求提出來。

那麼如何要求加薪如願以償的可能性大呢？在要求加薪之前，一定要對自己作一番正確的評估。老闆給員工加薪，意味著他自己要因此承擔部分損失。當你打定主意準備向老闆提出加薪要求的時候，一定得先給自己作一番正確的評估，即你在公司的資歷怎樣，你在老闆心中的分量重不重，你最近出色地完成了哪些項目，這些項目為公司帶來了多大的利潤，你認為你未來還會為公司做出哪些貢獻，你的離去是否會為公司帶來某種損失……總之對自己有一個正確的評估，就能知彼知己，有的放矢，既不會讓老闆為難，也能讓大家知道你是否真正「薪有所值」。

選擇適當的時機非常重要。當老闆沉浸在成功的喜悅中，或是他的家人有什麼好事而使他輕鬆愉快的時候，你向他提出適當的要求他就比較容易接受。從你自身來說，由於你的努力，公司近期業績增長，或者你剛剛完成了某個大項目為公司增了光，這個時候，你向老闆提出加薪要求，他也會慎重考慮一番。再者，就是你看到同行業的許多員工都不同程度地加了薪，老闆心裡也有數，正在等待觀望中，你適時地捅破這張紙，他也會欣然接受，順水推舟。

或許你入職一、兩年了，但你的薪水並沒有跟著資歷的增加而水漲船高；或許在某個項目中你付出了比別人更多的心血，結果只換來不成比例的報酬，而那些貢獻顯然不如你的同事拿的報酬卻比你多得多。這時你一定心有不甘，希望老闆提高你的薪水，但又不知怎麼說。這時就需要你學會對老闆進行「提醒」。

託人說情是一個比較不錯的方法。作為一般員工，你也許不會經常直接和老闆打交道，但部門經理會對你瞭解得更多一些，而部門經理則是老闆經常要召集開會的人之一。除此之外，老闆身邊也有比較親近的人，透過他們轉達你的加薪要求有時比你直接開口效果更好。

當然，這裡你得掌握好分寸，即能替你傳話的人一定得是瞭解你、理解你、同情你的人，這樣他在傳話的過程中就能把話說得婉轉些、圓滿些，即使遭到拒絕，面子上也不至於太尷尬，因為你畢竟沒和老闆「正面交鋒」。

一個人因為暗戀另外一個人卻不敢當面對他說，結果人家最終投入了別人的懷抱。這種叫人後悔不已的事，在職場上也時有所聞。如果你覺得自己的付出與得到的回報不相符，如果你認為你的潛力足以壓過你身邊的平庸之輩，那就不妨把你的加薪要求直接向老闆提出來。你不願提或不敢提，知情的人反而會覺得你這人缺乏激情，不思進取。要知道，精明的老闆有時寧願給一個敢為天下先的「激進分子」加一千塊錢，也不願給十個按部就班的平庸之輩均加一百塊錢。

3

在更高的職位榨乾你

01 自我升值是升職的前提

要想攬下瓷器活，就必須擁有金剛鑽。想要獲得重要的職位，就必須使自己擁有與之相匹配的能力。想要升職，就必須先提升自己的能力，這是一種必然選擇。

要想升職，必先升值。這裡需要升的「值」，包括資歷、職稱，也包括你的事業所需要的各方面的經驗和能力。職場之中的許多人可能都有這樣的心理：老闆不重視我，我的能力沒有發揮的餘地。

其實，不是老闆不重視你，而是你的能力和經驗還沒有提升到相應的檔次。這時，如果能夠明白「先升值，再升職」的道理，就能夠踏踏實實地最終取得事業的不斷成功。

柯達公司市場總監李凡的成長經歷也從正面印證了這一規則。

李凡在成為公司的市場部經理之後，很快就對自己的工作有了一個正確的定位：在企業的行銷過程中，市場部經理的位置十分重要，一個優秀的市場部經理，在很大程度上能夠協助市場總監完成行銷戰略任務。

李凡認為一個優秀的市場部經理必須具備以下四種基本素質：具有行銷策劃的能力，品牌策劃的能力，產品策劃的能力，還要有對市場消費態勢潛在性的分析能力。李凡認真研究了大多數公司對市場部經理的更高要求，他覺得自己應該在目前的能力基礎上進一步學習，以提升自己的工作能力。

首先，他從掌握各項行銷政策入手進行學習，因為他過去從事的是廣告策劃工作，對行銷政策知之甚少。之後，他又開始不斷強化自己的執行力，因為他發現自己對於公司行銷推廣的整個過程監控實施的力度都很差。另外，李凡認識到自己的市場應變能力很差，缺乏市場銷售過程的錘鍊和親身的市場銷售體驗，這是他在工作中最大的弱點。

有了這些深刻而全面的認識之後，李凡開始逐步提升自己的業務素質。他首先對自身這些軟弱的因素進行彌補，先讓自己成為一名優秀、稱職的市場部經理。後來他又用了三年的時間來親身體驗行銷實踐。

與此同時，李凡又學習了豐富的組織管理知識、全面的法律知識和財會知識，因為這些知識在工作的時候很有用處。當然了，修練對團隊的掌控能力也是李凡學習的一個重要方面，如果控制不了下屬團隊，那麼一切都是空談。

經過幾年的認真學習和實踐鍛鍊，李凡終於如願以償地成了公司的市場總監，他為公司的市場行銷工作創造了極大的成就。在擔任了公司市場總監以後，李凡仍在不斷充實自己。現在，李凡已經成了公司中不斷成長的楷模。

李凡成長的例子告訴我們，工作中每一步臺階都需要相應的知識儲備與能力相匹配，當你選擇了一個行業，進入一家公司工作後，如果要升職，你就必須不斷地學習和鍛鍊，讓自己的能力升值，給老闆一個提升你的理由，這樣你才能獲得自己想要的東西。

「先升值，再升職」是每一名職場人的生存之道，也是施展自己才能，發揮最大價值的唯一途徑。在如今這個競爭激烈的年代，如果不主動升值就意味著不斷貶值，那麼等待你的不僅不是升職，反而是被淘汰的命運。

02 機會鏈不能缺少任意一環

職場潛規則

升職是一項系統工程。在這個工程裡，你的日常表現和職場細節都是決定工程能否成功的決定性因素。升職機會蘊藏在日常工作中，這需要你時刻做好捕捉機遇的準備。

職場上遵循著這樣的規律：你必須善於創造機會，並且抓住每一個到來的機會。對於職場中期待晉升的人士，最大的苦惱在於找不到一個晉升機會。

其實機會不是僅靠等待就能得來的，常常聽到人們感歎機會的難得，殊不知

有些時候機會也要靠有心人去主動製造，但同時，機會一旦出現就要牢牢抓住，沒有抓住的永遠都不能叫作機會。

要抓住機會，首先要擁有一雙能夠抓住機會的眼睛。機會常常變裝打扮以問題面目出現，如對某個重要問題的解決本身就為某下級的晉升提供了良機。要抓住機會並獲得機會需要我們用心去做，下面幾點也許會讓你有所收穫：

一、上班不要發牢騷

當你有艱巨的工作任務時，應盡力去做好，不要牢騷滿腹，讓別人覺得你沒有能力應付這項工作，或覺得你根本不知從何做起，因為許多公司只會留意並晉升那些不嫌工作量多的人。

二、別讓老闆在辦公室中等待

任何人都不要忘記老闆的時間比你的更寶貴，當他給你一項工作指標時，這項工作比你手頭上的更重要。當你走近你的辦公桌，如果你正在與別人通話，讓老闆等待，哪怕是短短的十幾秒，也是對老闆欠尊重的表現。

如果電話中是你的客戶，當然不能立即終止對話，但你需讓老闆知道你已知道他在等你，例如給他使個眼色，用口型說出：「客戶」或寫張小便條給他。

三、助老闆一臂之力

當公司要考慮發展大計的時候，正是你顯示才華的機會，如果你能花時間認真思考，提出一些頗有建設性的意見，老闆自然會對你另眼相看，你被提升是預料中的事。

四、處事不驚

處事冷靜的人很多時候會有好處，並得到稱讚，老闆、客戶甚至其他同事會對處事不驚的人另眼相看。如果時常保持鎮定，心理上可隨時對付難題，自信心也會增強，晉升的機會自然大增。

另一方面，一個行為舉止閃縮和害羞的人，只會令人對其辦事能力失去信心。處事不驚要講究個人的素質和多臨陣考驗，所以要敢於去處理突發的難題，處理多了，你的應急能力便會加強，當然那個時候你就會處事不驚了。

五、要有後備計劃

不要以為所有事都如你想的那般順利，無論何時都應作最壞打算。準備一個

隨時可以實施的後備計劃，屆時就不會手忙腳亂。

此外，當老闆要你跟隨他出差辦公事，替他想想是否有遺漏的東西或資料，而你自己也可考慮一下主攻的目標是什麼，他的實施方案是什麼。多準備一些應變的方案供他參考，這種未雨綢繆的做法，可以換來老闆對你的讚賞和信任。

六、學會亡羊補牢

當一個重要的報告給客戶後，你突然發現了錯誤，這時你應當快速地瞭解情況，查明問題所在並設法補救。若採取鴕鳥政策，期望問題消失，這只會令你更加狼狽。

七、在會議中表現自己

如果情況允許，選擇會議室裡顯眼一點的位置，不要等待發言機會，因為這機會未必存在，要在適當的時機爭取發言。只說有事實根據的重點，省略不必要的枝節。避免說一些抽象或不切實際的話，例如：「我希望」、「我覺得」、「應該會」等等。

機遇和時間一樣是來去匆匆，如果你不牢牢地將其抓住，那麼，它將和時間一起從你的指間滑落，留給你的將只是無聊的悵惘和遺憾。

因此，職場中的你應該擦亮眼睛，看準時機，並主動把握時間，必要時創造機遇，做一個實實在在的「機會主義者」。

03 能力不是升遷的唯一因素

職場潛規則

能力很重要，但不是唯一的決定性因素，但還有更重要的因素，如人際關係，這需要你好好去經營。如果不能處理好這些因素，升職的機會自然也不會屬於你。

修平是著名大學外語系畢業的，進公司快兩年了，工作能力和業績有目共睹，是部門公認的超級業務。每次部門會議或者年終聚會時，修平都會得到各級領導人的稱讚，修平也頗為得意。然而在兩次大的人事變動中，他眼看著兩個業務不如自己的同事都被提升了，一起進入單位的一個大學生也有了重點培養的動靜，唯有自己，還在原地踏步。

儘管修平的薪水因為與業務掛鉤而遙遙領先於其他同事，但職位上的波瀾不興讓他在朋友圈中很沒面子。每次找到部門經理，經理總是先將他大大誇獎一番，然後以一句「金子在哪裡都會發光的，以後還有機會」的話來打發他。問得多了，經理就會囁嚅幾句「不能光顧個人」之類的話，一副欲言又止的樣子，搞得修平摸不著頭腦。

「為什麼升職的不是我？」修平十分苦惱。原來，頂尖業務修平敗給了同事「熱心腸」。「熱心腸」是修平的同事，他為人熱情開朗，很愛幫人忙，不管誰有什麼事情，只要向他求助，他總是熱心幫助。有時候，同事業務中出現了問題，明明不是他分內的工作，他也會主動幫忙，甚至承擔責任。

修平對「熱心腸」的做法一向不以為然，他的觀點是「不在其位，不謀其政」、「自己的事情自己做」，他覺得工作就應該各司其職，像「熱心腸」這樣做是會打亂公司運作程式的。

毫無疑問，公司裡業績最好的肯定不是「熱心腸」，他腦子直、主意少，但公司中人緣最好的一定是他。這次人事變動，他被調到總經理辦公室協助管理全公司上下的人事關係，一下子成了老總身邊的紅人，前途可以說是一片光明。

在日常管理中，我們經常會發現，提升並不一定完全依據組織的晉升規定進行，很多時候，是一些從未在正式文本中出現的因素起到了關鍵作用。其實修平的問題，就出在忽視了組織績效考核中的一個重要隱形因素——組織公民行為。

很多剛剛踏入社會的大學生，尤其是像修平這樣自以為讀了很多現代管理理論書的人，都堅信「能力取勝」是一切組織的用人準則，以為自己是金子就能發光，殊不知事情並不是那麼簡單。準確地說，組織公民行為是指員工自發進行的，在組織正式的薪酬標準中尚未得到明確或直接的承認，但就整體而言，有益於組織運作的功能和效率的行為總和。

多項研究顯示：員工的組織公民行為，是管理者給員工高評價、晉升以及加薪的重要依據之一。所以修平不如「熱心腸」升遷得快。這裡所有職場人士一個善意提醒：只有能力未必升遷，學會經營各種關係，你才能儘快得到提升。

04 做晉升路上的機會主義者

職場潛規則

並不是每時每刻都有升職的機會，只有在更高一級的職位出現空缺的時候，升職的機會才算是真正出現。機會在每一個人面前都是平等的，就看你如何抓住。

對於職場中期待晉升的人士而言，最大的苦惱在於找不到一個晉升機會。其實機會不是靠等待就能得到的，常常聽到人們感歎機會難得，有些時候機會也要靠有心人去主動製造。同時，機會一旦出現就要牢牢抓住，沒有抓住的永遠都不能叫做機會。

要抓住機會，首先要擁有一雙能夠抓住機會的眼睛。作為下屬應學會慧眼識機會，如果對機會女神的來訪一無所知，失之交臂，終將悔之。俗話說：「通往失敗的路上處處是錯失了的機會。」要發現、尋找機會，首先要有開闊的胸懷、廣闊的視野，把眼光放在更廣闊的領域，而不是侷限於某個狹小的範圍內或某個單一的管道上；其次，要善於分析，「撥開烏雲見太陽」，機會常常改裝打扮以問題面目出現；最後，要樂觀，不要僅看到眼前的問題，而要發現問題後面的機會。

美國著名行為學家魏特利博士說：「悲觀者只看見機會後面的問題，樂觀者卻看見問題後面的機會。」發現機會是以主體自身的才能和努力為前提的。人們常說「打江山容易守江山難，」那麼用於機會就是「發現機會容易，抓住機會難」。

創造屬於自己的機會，要分兩步走：

第一步，給自己準確定位

透過給自己準確定位，你就能夠創造機會。你可以定位於某種不夠完善的服務，也可定位於一種新趨勢。一旦發現市場上有這種需求，你就要從各種角度客觀分析，然後發揮自己的創造性，看看自己怎樣才能滿足這種需求。這一策略對於創業和求職都是適用的。這樣做，你可能會想到更好、更快、更便宜或更高品質完成某事的方法，也可能會獲得提供一種全新服務的創意。

第二步，付出先於收穫

向成功邁進的最好辦法之一是付出。當你在自己拿手的領域付出時，這種方法將收到雙倍的功效。無論你是主持一個免費的產業趨勢論壇、撰寫並發表免費文章，還是在產業活動中充當志願者，你都在以有意義的方式提高自己的專業技能，並吸引人們的注意力。另外，要確定你所想要的和你所會接受的東西是什麼，你的目標是什麼。是得到一個職位，是找到自己想做的事情，還是為了出名？

機遇伴隨時間而來，也伴隨時間而去，它和時間一樣來去匆匆。如果你不牢牢地將它抓住，它就會跟時間一起從你的指間滑落，留給你的將只是無盡的悵惘和遺憾。因此，職場中的你應該擦亮眼睛，看準時機，主動把握時間，必要時創造機遇，做一個實實在在的「投機分子」，牢牢地將機遇抓在手裡，一刻也不放鬆。

05 使自己的業績更漂亮一些

職場潛規則

提拔時老闆只會考慮兩種因素：能力和業績。前者是基礎，這是被委以重任的前提。後者是表現，是能夠被委以重任的證明。要想升職，就必須讓自己的業績更漂亮一些。

有人說，晉升要看能力，因為這樣可以實現員工和職位之間的匹配；也有人說，晉升要看業績，因為業績反映了員工對企業的貢獻。這兩種觀點並不矛盾，為員工提供哪種晉升路徑，主要看企業處於什麼階段。一般而言，對於面對生存壓力、還未形成長期發展戰略的企業而言，晉升應該多看業績；而對於那些實力較強、管理比較規範的企業，以能力為晉升依據則更為妥當。

然而，有些經濟學家卻一概而論，指出人力資源管理的一個基本原則是「晉升看能力，獎勵看業績」。他們認為，晉升主要考察能力和崗位需求的匹配度，所以應該以能力為導向；業績反映的是員工對公司所做的經濟貢獻，所以應該根據業績對員工進行獎勵。

他們還假設了一種情況：如果只按業績進行提拔員工，被提拔的員工可能並不具備新崗位需要的能力——他的業績是在原來崗位上產生的，在新崗位能否有出色的業績是個未知數。如果他無法適應新崗位的需要，就會產生彼得效應，即被升職的員工在新的崗位上不能產生與過去一樣輝煌的業績。

愛德華・拉澤爾對此持有不同觀點。他提出了關於晉升的「競賽理論」，即所謂的「晉升看業績」。他將企業內部員工之間的競爭描述為一場競賽，獲得勝利的員工將得到提拔，獲得高薪。但「競賽理論」在得到很多學者肯定的同時，也招致了很多批評。

批評者們認為，首先，它的理論忽視了崗位的動態和變化：一個員工在目前的工作崗位上成績突出，就可以推論他會在更高的崗位上有所成就——這種假設和推斷是天真的、幼稚的、不成立的。崗位的變化必然帶來工作性質、工作難度的變化，與這種變化匹配的是新的能力要求，而不是舊有的能力和技藝。

其次，他們認為「競賽理論」以表面的公平掩飾事實上的不公平，犧牲了企業整體效率。「晉升看業績」往往導致企業選擇擅於創造直接經濟效益的人，去擔任需要很強協調能力的管理工作。這等同讓千里馬成為馬夫——千里馬因為跑得快，應該馳騁沙場，而不應該去擔任馬匹的管理工作，避免浪費優勢和突出才能。

企業領導者該怎麼做選擇？回答這個問題之前，我們先看激勵的導向。相對物質而言，職位的高升對員工激勵的導向作用更大，因為提拔不僅意味著薪資的增加，還是能力和身分地位的展現。換句話說，提拔不僅使員工獲得了物質增加，還獲得精神享受，尤其是尊重感需要的滿足。

在績效管理中，業績最好的員工理應得到最有價值的獎勵。因此，晉升作為

激勵的一種手段，以業績為導向是符合績效考核理論的。由此可以促進員工的工作行為一切以業績為導向，進而使企業獲得最大經濟效益。

我們應該換個角度來考慮以業績為導向的正確性，假設企業實行的，是以能力為導向的晉升制度，很大可能造成的結果是：員工不再將業績作為最重要目標，他們會努力讓領導人感受到他們的管理才能，以及會透過拍馬屁等手段來獲得人際關係上的優勢。與此同時，那些有可能創造最好業績的員工，會因為缺乏晉升的激勵而變得消極怠工，或者直接選擇跳槽。這樣，企業將會出現的局面是：業績不好的人熱衷於與上級搞好關係，有業績能力的人選擇了離開。

根據以上分析，我們就會明白，企業為什麼要實行績效考核，以及為什麼大部分的企業喜歡用業績作為員工晉升的主要依據等，諸如此類的問題。任何人都應該明白，雖然晉升和能力相關，但和業績會更密切一些。你要想獲得晉升機會，唯一要做的事情就是要讓自己的業績更漂亮一些。

06 勤奮耕耘並非一定有回報

職場潛規則

勤奮耕耘一定會有機會，但並非所有的勤奮耕耘者都能真正獲得升職的機會。要想升職，除了勤奮耕耘之外，還需要注意很多細節，尤其在有關升職的關鍵環節上，一定要拿捏到位。

甲被公司提升為經理，十分高興。

他的老婆對他潑冷水，說：「經理不稀奇，現在連賣燒餅的都是經理。」

甲不信，打電話到燒餅店，問：「經理在嗎？」

接話員回答說：「你問的是豆沙餡經理，還是白糖餡經理？」

這只是個笑話。以此開題，只是想說明：儘管在經理多如牛毛的今天，很多人依然為提拔而努力，未來還會繼續努力。

晉升，是職場的永恆主題之一。

甲是某集團公司小轎車分公司維修技師，主要工作是負責公司生產設備及生產生活用電的維護、保養與維修。乙是他的同事，熱情、聰慧、富於創造性，對生產程序控制及各類生產設備的維護有自己獨到的見解，並且喜歡與上司溝通。

與乙相比，甲則比較內向，雖然技術上比較突出，且對整個生產程序控制和生產設備的維護較其他人都勝出一籌，但凡事不願麻煩人，大多數的困難都自行解決。車間主管似乎很欣賞他，經常讓他代班。

某天，車間主管因為個人原因突然提出辭職，公司決定從內部提拔一名優秀的員工接任車間主管職位。甲滿懷信心，因為自己技術水準較高，能力較強，經驗較豐富，且也斷斷續續代理過車間主管的工作，這車間主管的位置非他莫屬。

然而，經過上級的認真評選，最終確定由乙出任車間主管。甲認為公司做事不公，後來對工作的積極性明顯不如從前，開始處於一種懶惰的期待與抱怨狀態中。

甲還有一個同事丙。丙為人實誠，做事踏實，學習力強，工作之餘經常鑽研技術，專業知識強，知識面寬廣，潛移默化地瞭解了生產管理的工作內容，能夠獨立進行各崗位的實際操作，且積極進取，幫助生產部改革創新，取得了一定的成績，而且從不抱怨。

又某天，集團貨車分公司由於機構變革，缺少一名有經驗的車間主管，想從小轎車分公司選拔出一名合適的人選來。這次，甲又滿懷期望地希望選拔出來的是自己。但是最終的結果還是令他失望——丙被選送為車間主管。於是，甲很困惑：為什麼升職加薪的總是別人？

很多人在職場上都遭遇過和甲同樣的經歷。工作幾年後，公司裡的管理職位出現空缺，雖然你是候選人之一，但是晉升好事總是與你無關，甚至比你晚進公司的人都獲得了提拔。如果這樣的事情發生在你身上，你應該好好反省自己。

我們先瞭解一下職場上存在的三種晉升誤解。

第一種是效用誤解。做一名勤奮工作的員工，並不意味著你就一定可以獲得應有的回報，你還得不時為自己做好宣傳。你最近是否因為工作出色而獲得過表揚？那麼就找個方式讓上司在公司的時事通訊或者公告牌上認可你的成功。宣傳成就影響力，影響力成就晉升。

第二種是資訊不對稱誤解。不要以為上司是你肚子裡的蛔蟲，你不說出來，上司不可能知道你的想法，這當然包括你想要升遷的想法。只有和上司做好溝通工作，讓上司瞭解你的心思和目標，他才能在機會出現時幫你實現。

第三種是競爭認識誤解。不要以為同事是你最好的朋友，他／她不會和你競爭新職位。辦公室本來就是名利場，利益總是排在友誼之前。千萬不要因為個人感情而喪失晉升機遇。在把握晉升機會是要做一個競爭者而不是旁觀者，更不能充作一個任人擺弄的愚者。

如何使自己成為晉升的幸運兒？不妨從以下幾個方面入手：

第一是擺正心態。心態決定了做事的方式。如果你過度追求晉升，就會對現狀存在著諸多不滿，一心只想尋求晉升捷徑，一些本該做好的事情不願做或者根本就做不好，給上司留下好大喜功的壞印象。相反的，如果你認為付出總會有回報，晉升是付出之後的必然所得，那麼你做起事情來可能就比較務實，卓有成效，就容易受到上司的賞識。

第二是要少說多做。能力是經由做事情展現出來的。光說不練，會被人們認為是語言的巨人，行動的矮子。上司決定晉升決策的時候不是考慮你說過什麼，而是要看你的工作業績，看你做了哪些事情以及做好了哪些事情。

第三是要與眾不同。一無所長的人即使再努力，也很難獲得晉升和賞識，因為他只是一個平庸的人，能做到的事情別人同樣也能做到。職場喜歡與眾不同的人，IBM公司認為如果在一個崗位上有兩個會一樣技能的人，那麼其中有一個就是多餘的，必須被淘汰。

第四是要善於處理人際關係。人際關係是一張無形的網，處理不好，可以說是寸步難行，處處設障礙；處理好了，你就擁有了厚實的群眾基礎，可以說是左右逢源。擁有好的人際關係意味著你擁有了駕馭部門員工的能力和技巧，這樣能夠促進上司可以放心把重要的職位委任於你。

第五是要幫助上司提高績效。實踐顯示，獲得上司賞識和信任的最重要的一點，就是幫助你的上司達成工作目標。上司的工作都是透過下屬來完成的，下屬完成的好壞決定了他的業績的好壞。員工工作完成的好說明上司領導的好，他可以在他的上司那裡獲得認可和肯定；完成的不好，則你的上司可能要在他的上司那裡受到批評。所以，你所能做的就是幫他完成他的計劃和目標，而不是討好和奉承。

07 公司只提拔滿足它更高需要的人

職場潛規則

任何事情都有成功的經驗可循。要想實現在公司內部快速升職，就必須注意四個方面：對各項業務的熟悉程度，自身的競爭能力，忠誠度，以及對下屬的影響力。

微軟公司將級別的差距直接反映在報酬上，將級別與工資掛鉤。

通常，比爾·蓋茲的策略是低工資，包括行政人員在內，但以獎金和股權的形式給予較高的激勵性收入補償。行政人員和高級雇員的基本工資比公司的平均工資高不了多少。

在大公司內部，人員的配置永遠呈現出金字塔形，越是地位較高的管理者，人數就越少，其職位的爭奪也就越激烈，微軟公司也是這樣。為了使偌大的微軟繼續保持小公司的突出優點——活力，比爾·蓋茲不斷地鼓勵員工「向上爬」，激勵他們爭取晉升。

正因為如此，微軟內部晉升的競爭非常激烈，公司也擴張得異常迅速，每隔幾個月就得重新組合一次。所有這些變化的結果就是微軟始終存在晉升機會，但機會並非給予等待它十年的人，而只給最適合它的人。

決定晉升的因素是員工的業績。一旦某人獲得一個職位，他或她就需要創造業績。然而，隨著管理臺階的一步步提高，競爭也就變得越來越殘酷。因為晉升主要基於業績，工作做得好就能獲得最直接的報答，這項機制使人們全神貫注於工作，這既增加了晉升的可能，又保護了他們現有的工作崗位。那些不喜歡這種競爭的人，只能適者生存，不適者淘汰了，他們通常只能在競爭力較弱的環境中，在其能夠擔任的職位以下的幾個層次徘徊。

一個人公司中的層次越高，就越能夠創造出高效的勞動生產率，對於公司而言，這樣的環境比快活、平靜、低生產率的環境更有價值。微軟的管理者對外部市場的爭奪也非常激烈，因為這同樣關係到內部晉升。在公司內外，他們都追求每時每刻百分之百的佔有。

事實證明，由於實行這種制度，技術級別或管理職務上升得很快，產品組和專業部門也得益於有不同背景和視野的人員加入。因此，有利於鼓勵在產品組之間保持某些人員的流動性，這樣微軟公司的人才制度就越來越活了。

在公司內部如何實現快速升職、加薪？這裡面有成功經驗可循。

一、積極輪崗，熟悉各項業務。

積極輪崗，可以使自己熟悉各項業務，可以改變自己原有的工作習慣和思路，使自己的業務能力從單一化趨向於多樣化。輪崗對個人業務能力的提升、管理經驗的累積、思維模式的拓展都能達到極大的促進作用。

在任何公司，緊缺的往往是業務能力出眾、有管理經驗、溝通與協作能力的人才。事實顯示，在公司內部各個部門都輪過崗的人，其職業發展方向往往是公司的高級管理人員。

二、堅持專業，提升自身競爭力

專業能力與經驗是職場人的立身之本。晉升和加薪需要以專業取勝，所以，只有不斷提升專業能力累積專業經驗，才能打造出自己在公司內部的核心競爭力。專業能力的提升，意味自己核心競爭力的提升，最終會使自己成為公司不可或缺的人物。

三、認同企業文化，忠誠於企業

認同企業文化是員工忠誠於企業的基礎。一名員工若對企業文化核心價值不能充分認同，就不可能進入公司中層以上管理層。任何一家企業都不會將一個對企業認同感、歸屬感不強的人列入到公司管理人員培養計劃中去。

同樣，獲得領導人信任也是晉升、加薪的關鍵。從開展工作的角度來說，無論你能力有多強，經驗如何豐富，在領導人面前，你需要的永遠是支援和信任；假若沒有領導人的支持與信任，你連工作都無法開展，怎能夠展現實力，使自己升職？

四、換位思考，關心引導下屬

想當將軍，就要先學習將軍的品質。能晉升者，不但要有胸懷，還要有良好的溝通及表達能力，更要有跨部門協調能力。對待同級的同事要尊重和欣賞，不可有看不起人的心態。要學會換位思考，為其他部門設身處地著想，避免告狀式溝通。

另外，下屬的評價對晉升也產生著重要影響。會關心、引導下屬的領導人才能得到下屬的敬佩與支持。關注下屬的職業發展和綜合能力，創造條件激發和釋放下屬的潛能，有選擇地在最適當的時機和最佳地點為下屬提供引導，最終獲得下屬的「抬舉」。

4 主管不會告訴你的離職祕密

01 任何人跳槽在公司眼裡都是正常的

職場潛規則

跳不跳槽的決定權掌握在你自己手中，因此你需要全盤考慮，不僅要對目前崗位的待遇和前景進行綜合分析，還要對自己的工作興趣進行準確把握，這樣才能跳到最想去的地方。

已經在一家服務行業的外資企業打拼三年的趙小姐，目前陷入了職業發展的不斷反思和困惑中。趙小姐大學畢業後一直從事行政類的工作，在去年，被調到市場部做推廣。這一年工作開展得較為緩慢，上司也沒有說什麼，這更加使得對於自己要求嚴格的趙小姐有些進退兩難。是應選擇硬著頭皮繼續前進呢？還是主動調整工作內容和環境？該不該跳槽，這是個大問題。

該不該跳槽，首先要看目前的工作崗位是否沒有「錢景」。一般來說，一個人跳槽的動機無非有以下幾種：自己對目前的工作不滿意，不得不跳槽，比如工作待遇偏低；人際關係處得不融洽，既包括對上司、下級，也包括同級的同事；工作環境和條件不理想；個人發展或晉升機會渺茫等客觀因素。同時也存在著諸如自己選擇的主動跳槽因素，即個人嚮往著更好的工作條件、發展機會，尋求更高的挑戰與報酬等。

現如今，越來越多的人看重用人單位給予自己的回報，這其中既包括以金錢為形式的薪酬待遇，也包括對個人能力提升有幫助的培訓等。坦白講，薪酬作為衡量一份工作是否合適於自己的一個標準，是無可厚非的。人們也不要談「錢」色變，試想，若只提供給一個具有較強工作能力、其他方面也均較好的人一份相對低的工資待遇，用人單位和勞動者雙方就能長期保持平衡嗎？長此以往，用人單位恐怕又會進入新一輪的員工離職、招聘等繁雜的環節中了。這樣人才流失了，也大大加重了人力資源部門的成本。

「錢」既是反應個人自身能力，也是用人單位薪酬設計的一種最直接體現。然而，「錢」景也應作為衡量自己是否該跳槽的一個重要方面。當你的工作內容、工作量都發生了很大變化，卻還領取著一份微薄的工資，被「加量不加價」。那麼，個人需要在將自己的實際情況和職位客觀地進行匹配度衡量之後，如果確實存在這種問題，您就有必要考慮一下，是否得跳槽或者申請加薪。

該不該跳槽，其次要看目前工作崗位是否具有「前」景。越來越多的求職者對於職業生涯規劃有了日趨成熟的認識，他們往往將自己的工作前景考慮的很周到、很全面。他們會將「錢」之外的因素，例如，自己工作以外的人際關係，自己工作的前途等多方面因素納入衡量自己工作是否滿意的標準。

他們希望在自己做事務性或日常工作的同時，對自己的業務知識、能力都有所提高，範圍上擴大，深度上加深。傳統意義上的「錢多，事少，離家近」的概念已經被現如今的理念所代替，他們真正需要的是自身能力的提升。

在單位感受壓抑，無法發揮優勢，不被重視，發展、晉升空間小，無法適應目前的環境，那麼恐怕就要考慮換個環境試試了。

人力資源專家建議大家需要隨時反思工作狀況，將自己的能力、專業和當前的工作崗位前途冷靜地進行分析。如果兩者較為不匹配，也許這在某種程度上就存在著跳槽的必要性。就像開篇案例中提到的趙小姐這樣的工作族，他們也許享受著較為理想的待遇，但是自己做的並不開心，無法獲得上司的認同，不斷陷入迷茫，看不到自己職業之路的前景和希望。

該不該跳槽，還要看你是否對目前工作保有熱情和興趣。「興趣是學習的動力」，這句話同樣適用於職場。根據心理學家馬斯洛提出的需求理論來分析，人是要透過自我實現，滿足多層次的需要，達到需求的最高層次，實現自我價值。在這個過程中，要學會享受工作的樂趣，工作熱情越高，你的工作效率也就越高。

當你充滿熱情地工作時，工作就會充滿樂趣；相反的，如果長期把上班當成一件苦差事，在工作中找不到令自己「興奮」的點，人這時您不妨冷靜下來，不妨可以調整在原公司調整工作崗位，或者選擇新的單位完成工作轉型。

也許求職者並不在乎工作單位是不是名企或外企，只要它能給予足夠的發揮餘地和發展空間，辛苦並快樂著。

雖然每個人的情況不盡相同，但上述三點就能幫助你很好的判斷自己是否到了該跳槽的時機。如果目前的工作不能為你帶來你想要的物質待遇，不具備廣闊的發展錢景，並且你的工作熱情正逐漸降低；如果跳槽能給你帶來更好的發展，那麼就毫不猶豫地跳吧。

02 跳槽不是將過去的路堵死

職場潛規則

你需要知道的是：你曾經的老闆、同事，在你離開的那一瞬間，就變成了你的資源。這些資源說不定就能未來的哪天成為你的貴人。和自己的資源為敵，你就是個愚蠢者。

有些年輕人做事情常常不給自己留後路，特別是在換工作的時候，容易和上級大吵一架，鬧得不歡而散，最後甩頭而去。一時的衝動就把過去的路堵死了，俗話說：「在家靠父母，在外靠朋友。」我們要學會累積自己的人脈，如果你認為要跳槽了，就沒必要和以前的公司打交道了，那麼你就犯了一個很嚴重的錯誤。

三十年河東，三十年河西，世事變化無常，現在你不需要的人，說不定哪天就是你最需要的。如果你決定要離開現在的公司，不妨給自己留條後路。那麼，我們應該怎麼做呢？

一、把矛盾徹底忘卻

離職時因為種種原因和老闆鬧僵的例子比比皆是。離職後，心中有點怨氣或者牢騷也是自然的。但從職業角度出發，儘量不要再提起過去，將對日後與前任老闆相處大有益處。

實際上，日後仔細思量，恐怕也不難發現自己的不足和問題。因此，離職後切忌抓住過去的恩恩怨怨不放，在現任老闆或朋友那裡到處散佈。職場如戰場，競爭和衝突是很正常的事。

有一位年輕人工作多年、跳槽若干次後，發自肺腑地對朋友說：「其實現在回想起來，讓我進步最快的是一個對我最苛刻的老闆。他讓我承受了很多挑戰和困難，也使我成長得最快、學到的東西最多。」

仔細想來，此話不無道理。人各有優缺點，如果你用心就會發現，每個人身上可以學習和借鑑的東西是很多的。

離職後如果與前任老闆見面，尊重、熱情是最重要的。不提往日舊事，表現自然、親切，會拉近彼此的距離，增進感情，同時又表現出你的大度和職業風度，何樂而不為呢？況且，現在交通、通訊越來越發達，人員流動日趨頻繁，要時刻做好在不同場合不期而遇的準備才行。

有一個人在談到辭職後怎樣和以前的老闆相處時，講了這樣一件事情：他剛剛參加工作時在一家房地產公司，當時的人事部王經理曾是一個國營老廠的人事幹部。他會離開那家國營老廠，是由於一個主管上司因為私利而不願將他派往新成立的合資企業，所以才讓王經理憤而辭職。

那時這個公司剛剛成立，在報紙上登了廣告大批招人。有一天，他們約見了很多應聘人員，其中一位就是當年逼走王經理的那個人。那天這位應聘者進入人事部，他們兩個人都愣住了。尤其是那個應聘者立刻很尷尬地說：「我看我還是不談了。」但王經理顯得很自然，說：「既然來了，就按正規程序談，過去的一切都過去了。」他們進行了正式的面試，之後的處理意見也是令人信服的。

由此可見，如何和舊老闆相處，其實能體現一個人的職業水準。

二、不要說以前老闆的壞話

不論是輕鬆愉快還是拂袖而去，離開後維護老東家形象的事情一定要做，特別是以下幾點要多加注意：

①永遠不要在現任老闆或新同事面前說前任老闆的壞話。這樣做會引起新老闆的懷疑：「你今天可以在我面前如此評價過去的老闆，是否明天就會同樣在別人面前這樣評價我呢？」所以，這種幼稚的舉動還是不做為好。

②客觀地評價老東家的優缺點，維護它的形象。公正客觀地評價老東家，不但有利於它的正常發展和樹立你自己的職業形象，更重要的是，可以維護它的商譽。這樣，無論日後你個人的發展如何，老東家都會記得你的良好職業素養，當然也有利於你和他們再次打交道時建立良好的關係。

三、常和以前領導聯繫

為了自己的職業發展而尋求更廣闊的施展空間是很多人跳槽的主要原因。在這種情況下，保證自己的職業素養是非常重要的。在最後一天也要做好分內的最後一件事，留下你的聯繫方式和電話號碼，與老闆吃一頓輕鬆的晚餐，也是不錯的道別方式。離開後不時打個電話保持聯繫，關心公司和同事的發展，與老闆聊聊行業的發展動態，會給你帶來意外的收穫。

留條後路，就是給自己一個機會，機會能造就一個人也能埋沒一個人，所以我們要把握機會，在跳槽時不能將自己的後路堵死，只有這樣，我們以後的路才能更寬、更廣。

03 挽留你也許只是為了面子

職場潛規則

提出跳槽，很多老闆一般會挽留。一方面是因為你能為公司創造效益，另一方面也是出於市場競爭的考慮：任何老闆都不願意將一個有經驗的人才送給別人，也可能是因為要照顧你的面子。但是老闆的挽留都帶有附屬品，那就是你可能會失去信任。

昊天最近遇到了煩心事：「前一段時間做出了一個錯誤的決定，最近飽受煎熬。」他說：「三年前我就到這家資訊公司來了，而且在各方面表現都算出色，業績也不錯，人際交往方面也很好。只不過我最近感覺在這家公司的發展空間不是很大了，所以就考慮換份工作。正在我有跳槽意向的時候，一家獵才公司打電話給我，說另外一個單位有個業務經理的位置很適合我，問我有沒有興趣。那家公司的軟、硬體都出色，屬於優質企業，所提供的職位不僅能延續我的工作經歷，而且發展空間也會更廣闊。

於是我向上司余總表示了想跳槽的意願，結果余總極力挽留我，並承諾馬上替我加薪，余總對我說：『這些年來你為公司作的貢獻大家都有目共睹，公司現在正處在高速發展時期，更是離不開你這樣有能力的人。公司會儘量考慮你的需要，滿足你。下半年公司將對各部門人員重組，到時候我一定極力推薦你當公司的副總。』聽了余總的話，我心裡猶豫了起來，畢竟是自己的老東家，既然長官這麼關心我，我總不能不識好歹，不給長官這個面子吧？於是我就打消了跳槽的念頭。

現在想想真後悔。經歷了那次跳槽風波，余總對我的態度有了一百八十度的轉變，平時由我負責的客戶，都在不知不覺中轉到其他同事的名下了。與重要客戶的洽談會議，業務骨幹都參加了，就是沒有我的分。

前一段時間因公事需要，我到廣州出了趟差，回來後發現自己做了三個月的一個案子，也被經理調給了其他的人做，經理給我的解釋是：『客戶催得緊，你又出差在外，只好換人來做，請你不要介意。』我怎麼會不介意？我再不介意都要被他們逼瘋了。」

人們常說「好馬不吃回頭草」，以前還沒有明顯的感觸，聽了昊天的故事才強烈感到回頭草不好吃，不僅味道不佳，而且難以下嚥。本來很和諧的上下級關係和同級關係，為什麼經歷了一場跳槽風波之後就大不一樣了呢？這裡面有著相當微妙的心理原因。

當一個員工決定離開公司，就表明對現在的工作感到不滿意了，或者是認為公司沒有發展前景，或者是覺得自己的成長空間不大，抑或是薪酬福利方面不可觀好，再者就是人際交往出現危機……不管是哪個方面的原因，當一個員工向老闆提出辭職的時候，就表明他已經不想改變自己去適應工作，也不願意再跟公司的相關負責人溝通，或者認為溝通沒有必要了。

既然員工做出這樣的姿態，通常情況下老闆是不能容忍的。但是畢竟你以離職作為要脅，如果你確實是個不可多得的人才，或者你的離開將有可能使正在進行的案子遭到巨大的損失，老闆不免要權衡這裡面的利害關係了，不如忍下一時之氣，盡力挽留你，但在他內心深處，其實最想挽回的是公司的損失。

如果老闆基於這樣的心態挽留你，而你因為情面上抹不開留了下來，那麼接下來的事情就有些麻煩了，昊天的痛苦就是最好的反面教材。在企業裡，每個領導者考慮最多的都是公司的利益，所以他們希望員工對公司忠誠，為公司效力。

一旦你表示要跳槽，要離公司而去，上司最直接的反應就是覺得你這個人對公司不忠誠。即使當時沒有表現出來，但在他在心裡是不會忘記的，就像花瓶有了裂痕，就很難彌合。但是既然他當初「真心實意」地挽留了你，再公然趕你走無異於自己打自己嘴巴，所以只得暗地裡壓制你。有人說「一次不忠，十次不容」，給上司造成了不忠的印象，如果他又是個記性好的人，估計你以後能得到的機會和信任就要大打折扣了。

所以在向老闆遞辭呈時如果老闆竭力想要挽留你，在去與留之間一定要掂量清楚了。想一想自己離開公司的原因是什麼？如果是主觀原因，自己的心態能轉變嗎？倘若是客觀原因，那麼這些條件是否有所改變，如果依然如故你是否願意接受？就像昊天，明明已經認為公司沒有發展前景了，但是卻在老闆的挽留下遷就了老闆的意思，結果還是要來面對沒有突破的工作。試問一下，你的職業前途允許你這麼做嗎？

除了職業前途的考慮，人際關係也是一個不可小覷的問題。單位領導者是否能夠重新接納你，不計前嫌？同事是否會在背後對你說三道四？你能否承受來自各方的壓力？萬一領導耿耿於懷，對你暗中刁難，你是否招架得住？所有的這一切都是需要仔細考慮的。

如果其中有一項你覺得難以接受，那麼既然話已經說出來，覆水難收，還不如瀟灑地說再見，免得羊肉沒吃到，反而惹得一身臊。

04 考慮不周就有可能跳入火海

職場潛規則

跳槽是實現晉升的一種重要方法。但是有人魚躍龍門，有人跳入火海，究其根源，就是前者具備成熟的跳槽技巧，能夠很好地捕捉跳槽機會，而後者卻考慮不周。

跳槽是一柄雙刃劍，有人跳入陷阱，有人能夠獲得晉升。經由跳槽實現職位晉升，有何可以借鑑或遵循的章法？

要想跳槽，首先要有勇氣，膽魄決定高度。但是，並不是所有的職場中人都

具有跳槽的勇氣。某研究院對一百位工作經驗在五年以上的人員進行調查結果發現，在「你對現在的工作不滿，會不會選擇跳槽」的回答中，有五十一%的人選擇「不一定，要視具體情況而定」，有二十三%的人選擇「不會，忍一忍」，只有二十六%的人選擇「考慮跳槽」。人力資源專家認為，隨著工作經驗的增加、所處職位越高、年齡的增大，「跳槽魄力」就越小。

「跳槽魄力」還包含另外一層重要的含義：你對自己工作的下一站有什麼樣的期望。雖然不能達到「人有多大膽，地有多大產」的境界，但是，不可否認的是，「你的期望有多大，深刻影響著你即將獲得的舞臺有多大」。

試想，一個對更高職位想都不敢想的人，怎麼可能獲得機會？一個想當總經理的人，他真的有可能創造「從銷售經理一步跳到總經理」位置的「神話」。人力資源專家認為，在你對目前工作沒有壓力的時候，沒有興趣的時候，沒有成就感的時候，沒有內部晉升機會的時候，就應該拿出點勇氣來，理性考慮跳槽。

在跳槽這件事情上，思路決定出路。跳槽是一件非常理性的事情，需要分析、判斷，需要謀略。某人力資源研究機構在調查中發現，有部門經理級別透過跳槽晉升為總監級別以上的十位跳槽者中，他們為這次跳槽準備花費的時間平均為「三個月」。

應該說，這是一個相當長、也反應出準備很充分的時間。他們認為，跳槽的思路決定著你的未來職業出路。跳槽思路總結起來就是：確定目標企業，鎖定目標職位，理性分析應聘職位未來工作重點，巧妙迎合企業文化關鍵字。

職位想晉升，專家建議目標企業的實力最好低於目前效力的企業。這符合兩種潛在的規律：一是低水準的企業總是想挖高水準企業的人，二是向實力更強的企業跳，一般只能獲得和目前同等的職位，向實力稍弱的企業跳，往往更容易獲得重用。

「應聘職位的工作重點」需要從各種管道瞭解資訊，比如向在目標企業裡工作的的熟人打聽，向目標企業的競爭對手打聽，請專業人事顧問幫著分析目標職位的職責，等等。「巧妙迎合企業文化關鍵字」多是應用在面試中，既表明你對企業很熟悉，準備很充分，也能使這些「關鍵字」作為橋梁，促使面試官對你的認同。

事實上對跳槽產生決定性因素的是你的底蘊。企業對競聘者的評價角度無非是以下幾種：學歷背景、性別等硬性條件，專業能力，行業從業經驗，與企業文化的契合度。硬性條件是篩選條件，「與企業文化的契合度」是需要長期考察的條件。「專業能力和行業從業經驗」是招聘企業最為看重的，是選優條件，是跳槽者的「底蘊」所在。

要想晉升成功，需要跳槽者具備很好的專業能力和豐富的行業從業經驗。這些「底蘊」在面試過程中，表現出來的形式和成果就是「對競聘崗位的未來工作規劃和工作思路」。這需要跳槽者既要很好地將新工作與原有的工作結合，充分發揮原有的工作經驗，也要突破原有的工作侷限，在更高職位上想問題，創新思路，表達自己能夠勝任工作的信心。

05 忽視職位安全就會有禍根

職場潛規則

有些人跳槽只會注重職位的高低，而忽視職位的安全性。如果跳入到一個有頑疾的企業，即便是謀得高職，如果到任後不能立刻扭轉乾坤，自然也難逃下課的下場。

某大型網站，一年之內換了三任CEO。首任是公司的老兵，從業務總監位置上提拔上來的，三個月之後離任；次任是名有海外留學背景的人員，來時雄心勃勃，不足半年，掛印而去；三任來自競爭對手，本被寄予厚望，卻在公司考察期內提出辭職。

業內認為管理這家網站的最大難點在於其內部鬥爭太激烈。面對有痼疾的企業的加盟邀請，人力資源專家建議高管受聘之前要三思。

一思企業風險，免入陷阱——評估企業帶給高管人才的風險主要有兩個角度：一是企業對招聘職位的認知度，二是企業內部對空降高管的任職阻力。有痼疾的企業由於存在長期無法解決的問題，所以，企業聘請高管的目的很明確，就是希望高手來指點迷津，採取有效措施，改變現狀。

一般來說，這種企業對招聘職位的認知度較高。與此相對應的是，存有痼疾的企業，其內部人事關係一般都比較複雜。所以，空降高管的任職阻力就比較大。面對如此境況，專家建議高管需要權衡自己能否有能力消除或減弱任職阻力。如果能，即可赴任；反之，應慎重加盟。

二思工作能力，量才謀位——在明確了企業風險後，高管人才還需評估自身的工作能力以及自身工作能力對該職位的勝任水準。工作能力是成功獲取職位和任職成功的重要條件。只有知己知彼，才能百戰不殆；量體裁衣，量才謀位，避免因工作能力不足而陷入尷尬困局。

高管人才評價自身工作能力的最大價值意義，就在於衡量自己能不能做這個崗位。在正式接受聘用之前，高管人才首先要測定自己對新職位所屬行業的瞭解程度，包括對行業現狀、未來趨勢、普遍問題、優秀企業特點等各方面資訊、知識的瞭解。

其次要測定自己對新職位的瞭解程度，包括對崗位的具體工作內容、工作目標、預計困難、績效考核關鍵點、必要的資源配置等全方位的認知。

三思文化適應，早作準備——不同的企業有不同的文化。外商企業相對而言更為尊重規則和制度，講求流程化和標準化；民營企業更多的是老闆說了算，企業變動也比較頻繁，要求行動的速度要快；國營企業則更為強調領導者共同承擔責任，最好統一認識後再開展行動。

一般來說，存有痼疾的企業，其內部有著更多的潛規則和做事方式，這需要空降高管要加強認識，早做思想準備。

實際上，大多數企業對固有問題的存在有清楚的認識，但對問題產生的原因

和解決措施內部意見無法統一，矛盾較大。這就對空降高管在任職前期的適應性提出了很高的標準：一方面要「夾著尾巴做事」，營造和諧的人際氛圍，降低排斥心理，減弱任職阻力；另一方面還要「該出手時就出手，震住同事」，第一次出手一定要出成績；另外還要求穩，重大行動前，提前爭取主要力量的支持。能不能赴任，全看自己的適應性能否達到標準。即將空降的高管應仔細斟酌。

06 落地之前請打開降落傘

職場潛規則

跳槽就是一次跨越動作，如果落地之前沒有打開降落傘，有可能會摔死。在上個企業表現優秀的人未必在新東家繼續優秀。空降要學會平穩降落的藝術，這樣才能使跳槽這個動作完整、成功。

吳士宏加盟TCL的案例就足以說明，「成功落地」是需要條件的。一九九九年，「打工女皇」吳士宏離開給她帶來巨大聲譽的微軟中國公司總經理的職位，選擇加盟TCL集團。吳士宏在TCL並沒有能夠繼續輝煌，直到二〇〇二年黯然退出，在TCL集團短暫的經歷，讓吳士宏遭遇了職場上的「滑鐵盧」。

吳士宏擁有IBM高管和微軟中國區總經理的外企從業經驗，而且是從一個普通銷售員一步一步上升為高級主管，在多個崗位都具有豐富的工作經驗。正如盛大天價聘請唐駿，是看中其在資本運作方面的能力，而NBA中國挖來陳永則是看中其在中國高層的公關能力，TCL邀請吳士宏加盟之時也對其寄予厚望。

但是，無論是吳士宏，還是TCL，他們都低估了不同企業文化衝突的嚴重性。吳士宏一直接受的是國際企業的文化訓練，而TCL是一家迅速成長的本土公司，不同的企業文化之間必然存在著磨合的問題，最終，水土不服成為吳士宏兵敗的首要原因。

作為傳統家電企業的旗幟，TCL有著根深的企業文化底蘊。空降兵吳士宏要想實施其戰略，勢必要涉及整個集團內部的利益重組。而集團內部紛繁複雜的人事關係，讓外企出身的吳士宏想一展拳腳時感覺牽制太多。儘管剛上任的吳士宏改革力度很大，但終究拗不過企業原有體制的力量。她忘了作為一家老牌企業，TCL不會因為一個職業經理人而輕易改變自身的企業文化。

除了文化衝突之外，吳士宏失敗之後，她也需要自省。她從跨國公司的執行者到國內企業的管理者，其自身的轉型也不成功。吳士宏在微軟中國擔任總經理時，一直執行的是微軟總部的戰略與決策，更多的是其執行力的體現。到TCL後，則承擔起組建TCL集團資訊產業板塊的重任，這時的吳士宏已經肩負著決策TCL資訊產業的戰略發展問題。

她已經不再是簡單的執行者，現在已身居管理層，需要有決策力。工作內容的變化，需要她及時調整自己，進而滿足工作的需要。這樣導致TCL在對吳士宏工作不滿意之後，最終還是選用自己企業一手培養起來的員工掌管IT業務，而吳士宏只能選擇黯然離開。

當一家公司的管理層出現了外部招聘來的「空降部隊」，他能否改善企業的現狀，創造更好的績效，也成為整個公司關注的重點。「空降部隊」如何平穩落地，專家指出祕訣。

首要是要融入環境，貫徹領導意圖。來到一個新的公司，最擔心的應該是「水土不服」。難以適應新的工作環境，也就無法發揮實力。作為空降過來的新人，全面瞭解公司環境變得尤為重要。瞭解公司的環境，不僅要瞭解公司的企業文化、制度文化，還要瞭解公司的人際關係氛圍，甚至有必要瞭解公司的「潛規則」。

空降高級主管，一般來說都被公司領導者寄予某種較高的期望。貫徹領導人意圖，實現領導人及公司的發展願景，對於空降兵能否平穩落地至關重要。多和領導人溝通，是貫徹領導意圖的前提；執行到位，多為領導人所看重，是能夠貫徹領導意圖的關鍵所在。但是，切記貫徹領導意圖，並不是盲目跟從，要敢於表達自己的觀點和看法，要適時尊重自己下屬的意見。

其次要循序漸進，工作平穩過渡。空降兵面對的工作境況，並不是平地起山，因此任何空降兵在新環境下開展工作，都應該是循序漸進，而不是推倒原有的工作規則。只有循序漸進，才能使工作平穩過渡，讓自己能夠降落在一種夯實的基礎上。

循序漸進的關鍵點有四：保證團隊的穩定性；保證原有工作的延續性；保證工作的品質不能下降；保證公司既定目標的實現。以循序漸進的方式打造自己的隊伍，遠比推翻一切的革命更容易被接受。

第三要洞察下屬，打造精良團隊。空降高管與下屬的磨合需要一個過程。在這個過程中，要明察秋毫、暗做評估。哪些員工是為企業效力，踏實肯幹應該提拔的；哪些員工是企業的蛀蟲，是應該辭掉的，一定要心中有數，在進行人員調整時「該出手時就出手」。雖然打造自己的隊伍，不是一日之功。但是，一個有經驗的「教練」，一定能在現有的人員基礎上，合理調整好各個隊員的狀態，制定出適合他們發揮的戰術打法，打勝仗。

第四要樹立權威，贏得同事尊重。團隊建設能力是考量主管能力的最重要的元素之一。樹立權威，贏得下屬的信服和認同，是團隊建設的關鍵所在。很多空降高管，到任後盲目討好領導人，忽視在下屬面前樹立自己的威信，導致團隊建設不力，最終狼狽出局。

07 跳槽，離職原因小心說

職場潛規則

把離職原因說好直接決定面試的成敗。通常，對於一些普遍性的原因，如阻礙了自身的發揮、上班路途太遠、專業不對口等……人們都可以理解的原因，是可以如實道來的。而對有些原因就要慎之又慎了，否則很有可能使你的面試陷入僵局。

「你能說說離開前公司的原因嗎？」這類問題在面試時經常會被問及，面試考官能從中獲得很多有關你的資訊。因此，求職者面對這個看似簡單的問題，回答時切不可掉以輕心。

玉婷是一位很有工作經驗、能力很強的女祕書。當招聘她的女經理問她：「小姐，妳人這麼美，學歷又高，舉止又優雅，難道妳原來的上司不喜歡妳嗎？」

玉婷微笑著說：「也許正因為美的緣故，我才離開原來的公司。我寧願老闆事多累下人，也不希望他們『情多累美人』。我想在您手下工作，一定會省去許多不必要的累。」

玉婷並沒有說「老東家」的好與不好，但一句「情多累美人」既讓人同情也讓人愛憐。結果玉婷很順利地走上了新崗位。

玉婷成功跳槽的例子告訴我們，把離職原因說好直接決定面試的成敗。通常，對於一些普遍性的原因，人們都可以理解的原因，是可以如實道來的。而對下面一些原因就要慎之又慎了。

一、關於上司的問題

對你的前任上司切不可妄加評論，要知道現在招聘你的面試官可能就是你未來的上司，既然你可以在他面前說過去的上司不好，難保你今後不在上司面前對他說三道四。一個人要在社會中生存，就得與各式各樣的人打交道，挑剔上司說明你對工作缺乏適應性。

其實主考官心裡有數，知道許多人是因為討厭上司而辭職不幹的，他們自己也可能因為同一種原因換過幾次工作，但是沒有多少雇主喜歡聽這種話。如果你真的是因為上司太難應付而辭職，就應該委婉地告訴面試官，這比直接說出來好得多。要說得得體，保持冷靜。

如果你只是因為領導層頻頻換人而辭職，而領導本人並無問題，這個原因你也不可以隨便講出。原因很明顯，工作時間你只管做自己的事，領導層的變動與你的工作應該是沒有直接關係的，你對此過於敏感，也表現了你的不成熟和個人角色的不明確。

二、關於人際關係的複雜

現代企業講求團隊精神，要求所有成員都有與別人合作的能力，你對人際關係的膽怯和避諱，會讓人認為你心理狀況不佳，處於憂鬱、焦躁、孤獨的心境之中，進而妨礙了你的事業發展。

三、關於工作壓力太大

在這個快節奏的現代社會，無論是在企業內部還是在同行業之間，競爭都很激烈。競爭不僅來自於社會壓力，同時也使員工處於高強度的工作壓力之下。如果你動不動就說在原單位工作壓力太大，很難適應，很可能讓現在的招聘單位對你失去信心。

立威原是某經濟報專刊部記者，報社不僅要求記者一個月完成多少字的文稿，而且還要負責拉廣告。中文系畢業的立威對家電、電腦市場行情一竅不通，要寫這方面的文章，感到壓力太大，於是他到商業報類應徵新聞記者。

負責招聘的考官問他：「你是否覺得在經濟報的工作壓力太大？我們社的工作壓力也不小的，你可以承受嗎？」

立威說：「作為年輕人，工作壓力大點沒關係，最重要的是希望找到能發揮自己專長的工作崗位。」結果立威如願以償進了商報社。

四、關於競爭過於激烈

隨著市場化程度的提高，無論是在企業內部還是在同行之間，競爭都日益激烈，需要員工很快適應，在這種環境下做好本職工作。

五、關於你想換行業的意願

洛杉磯的招募員霍華德・尼奇克告誡說：「不要直接說『我想試試另一份工作』。我聽了會這麼想：『此人對自己的方向都沒搞清楚。』」你應該說，以你的能力、個性和志向，做這份新工作更適合，或者說，你想「添加」一些能助你取得更大成就的新經驗。

你可以從幾個方面來說，一方面是自己的專業基礎（假如你是學電腦的），例如會計事務所其實很歡迎工科的學生，因為他們對數字很敏感，曾經的工作經驗、社會活動、個人感受，說明你對這個職位的瞭解；另一方面告訴考官你的性格，正是這樣的性格所以適合這份工作；此外，再把你的興趣與工作聯繫起來，就能使這個回答更加圓滿了。」

在上述幾個慎重回答的重點中，專業人士推薦儘量採用與工作能力關係不大，能為人所理解和接受的原因，如為符合職業生涯規劃；住處離公司太遠不方便上班，影響工作效率；生病離職（這種病不是經常性發作的）等。

5

公司不對你的生命負責

01 公司都是黑心的，天下沒有免費的午餐

職場潛規則

天下沒有免費的午餐，職場自然不會例外。要想獲得高薪，或者理想職位，別無選擇，你只有使自己裝滿被老闆認為有價值的「商品」，並且願意先付出後追求回報。

從前，有一位國王，愛民如子，在他的英明領導下，人民豐衣足食，安居樂業。深謀遠慮的國王卻擔心當他死後人民是不是也能過著這樣幸福的日子，於是他招集了國內所有賢士，命令他們找一個能確保人民生活幸福的永世法則。

三個月後，這幫賢士把三本三尺厚的帛書呈上給國王，說：「國王陛下，天下的知識都彙集在這三本書內。只要人民讀完它，就能確保他們的生活無憂了。」

國王不以為然，因為他認為人民生性駑鈍，不會花那麼多時間去看書。所以他命令這幫賢士繼續鑽研。

又過了三個月，賢士們把三本簡化成一本。但國王還是不滿意。

再過了三個月，賢士們把一張紙呈上給國王。

國王看後非常滿意地說：「很好，只要我的人民都真正日後有奉行這寶貴的智慧，我相信他們一定能過著富裕幸福的生活。」說完後，便重重地獎賞了這幫賢士。這張紙上只寫了一句話：天下沒有免費的午餐。

免費的概念和收費相對應。假設在一個豐裕理想的伊甸園裡，所有的物品都實行免費，彷彿沙漠中的沙子和海灘邊的海水，所有的價格也都因此變成了「零」，市場也因此而變得可有可無。在這個環境中，經濟學當然也就不再是一個有用的學科。但是，現實不是伊甸園和烏托邦，而是一個到處都充滿著經濟品的世界。相對於需求而言，物品和勞務總是有限的。它通常需要支付一個正的價格才能獲取。

由此延伸到職場上，任何人想要獲得獲得高薪，總要額外付出。這種付出等同於為購買麵包或者火腿而支付的貨幣。高薪是每個人追求的目標，身在職場，沒有人不希望自己的工作有一份令別人羡慕，令自己充裕的高額薪水。因此，高薪是一種稀缺品。

電視劇中有一句耐人尋味的臺詞，說是「高官不如高薪，高薪不如高壽，高壽不如高興。」可見「高興」才是人生的最高境界，高興也是一種稀缺品。所以，高興和高薪很難兼得。如同工作和閒暇的關係一樣，高薪與高興之間存在著博弈。有沒有既高薪又高興的職業呢？沒有，天下沒有免費的午餐，任何一位老闆不會把一份輕鬆快樂收入又高的工作無端地奉送給他的員工。高薪是有代價的，經常加班、沒有休息日、無休止的應酬、與自己不喜歡的人打交道、難以排遣的壓力、健康受損、衰老加速……高薪和高興就是蹺蹺板的兩頭，這邊高，那邊必低。

我們聽一下白領們的敘述。心妤是某公司的市場部經理。三個月前，剛跳槽到目前這家公司。她說：

「這份工作的薪水比前份工作的確高出一倍多。剛過來那陣子，我十分滿意。但慢慢地我發現，每晚加班，有時候要在凌晨兩點以後才能休息，白天就更難熬。剛開始我還裝模作樣喝些含糖的咖啡提神，後來乾脆拿開水直接沖原味咖啡，不加糖，只有苦味夠猛，自己才有精神。

工作了兩個月後，覺得真的是吃不消！我沒時間與男朋友吃晚飯，沒時間出遊，到最後連到樓下逛名品店的時間也沒有，不是抽不出這半小時，實在是疲倦乏力，能坐著絕不站著，哪還有興致踩著高跟鞋去逛街呢？你想比別人多拿十倍的薪水，就要付出一百倍精力的代價！」

與心妤為工作累得筋疲力盡相比，嘉芸所拿到的高薪則是「委屈」的多。在嘉芸眼裡，要高薪就不能太有個性，辦公室不是白領麗人比美的「遊樂園」，而是職位、金錢、績效的「格鬥場」。

嘉芸學的是祕書專業，職位是總經理祕書。總經理是很挑剔的人，他要求祕書不僅僅只是整理資料和管理內勤，更多的是要參與到對外溝通，他希望嘉芸是個八面玲瓏能說會道的「女人」。這樣的要求與嘉芸的性格完全不符，但為了能保住這份薪水豐厚的工作，嘉芸只能硬著頭皮幹。

她每天上班要替總經理接無數個電話，遇到問題還要懂得隨機應變，處理得當，否則，總經理就認為她的工作能力有問題，或者乾脆問她是不是不適合這份工作。這還不算，八小時工作之外，總經理還時不時要她跟他外出應酬。那些人喝到興頭就開始酒言酒語，灌酒，不喝還不行，總經理說這也屬於工作範疇。但這樣的場面讓嘉芸太難堪了，雖然她知道這就是工作，但幾次下來，她實在招架不住。

總經理經常對她說，「公司要發展，應酬也是業務，公司總不可能另外再請一個專門負責應酬的祕書吧？」從公司的角度看，總經理的話是有道理的。無奈，嘉芸只能邊做邊學，工作和薪水對她很重要——其實，對任何經濟人而言都很重要。為了工作，嘉芸只好委曲自己，暫且把人格和個性放在一邊。

高薪只是職場上一個最受關注的點，但天下沒有免費的午餐，職場自然不會例外。要想獲得高薪，或者理想職位，別無選擇，你只有使自己裝滿被老闆認為有價值的「商品」，並且你願意先付出後追求回報。

02 老闆時刻在想如何才能讓你更賣命

職場潛規則

要求加班時，做出適當的讓步不是犧牲，相反，你以大局為重的精神會得到上司和領導人的賞識，進而獲得更多發展的機會。但是如果你依然堅持不加班，絲毫不肯跟公司配合，那麼等待你的很有可能是「冷板凳」，你的事業也會跌入谷底。

碧珊是個崇尚自我、率性而為的女孩，她身上沒有絲毫忍辱負重、逆來順受的影子。而她剛剛把老闆給「炒」了。

事情的緣由是這樣的，碧珊娓娓道來：

「前一段時間公司要搬遷，我負責與業主談判、簽合約，透過招標確定傢俱商和裝修商，還要負責平面設計方案的選擇等，事情簡直多得跟山一樣。根據我以往的經驗，完成搬家至少需要五個月的時間。老闆不知道中了哪門子邪，過來就對我丟出一句話：『妳最好在兩個月內辦好公司的搬遷事宜，如果不能完成，那妳就另謀高就吧。』

我想：他是不是瘋了啊？光是室內裝修就需要兩個月，還有那麼多事情，我就算有三頭六臂也沒辦法在兩個月內完成啊！你說這個人發號施令的時候是不是都不考慮實際狀況啊？腦袋一拍就給出個時限，根本沒想過能不能完成。

儘管心裡不高興，我還是強忍著不滿去找他溝通，想把具體的工作和可能遇到的困難跟他說一下，想爭取多一點時間辦事。結果他卻相當傲慢地說：『妳是以前工作拖拖拉拉慣了吧？我告訴妳，現在可不像以前了，誰能提高效率誰就有飯吃，不能勝任工作就只能請他走人。』

我一聽火就來了，好像誰稀罕他那份工作似的。你說這樣的老闆，你不炒了他，還跟他幹什麼啊？我當時就甩頭走人了事。現在提起來還讓人一肚子火，你說，怎會有這樣的人啊！」

但辭職之後，碧珊的眼裡還是有一絲落寞。而朋友給她的建議是：「是不是什麼地方做錯了，有些環節沒注意。」

碧珊恍然大悟：「前一段時間人事處的人提醒我，現在工作緊急，希望我不要一下班就走，需要加班的時候還是加一下班。我說我的工作都完成了，為什麼要加班啊？然後就走了。

本來嘛，我在八小時內又沒有偷懶，該做的我都做了。我又不是賣給這個公司，下班幹嘛不能回去？所以每天一下班，我仍準時打卡走人，儘管辦公室裡大家都還沒有走。下班了嘛，時間是我的，我怎麼支配是我的自由，這不是很正常嗎？後來上司也跟我說，下班之後大家都沒有走，希望我最好能留下來繼續工作。但是我沒有聽他的，還是走了。」

加班在很多單位是一種不成文的規定，有人戲稱「朝九晚無」。但是現在的年輕人，較為重視自我，講究生活的品味和品質，他們認為工作只是生活的一部分，生活中不應該只有工作。如果在工作時間之外還要加班，他們往往不能接受。於是衝突出現了，一方面老闆為了趕進度，希望員工多幹活；另一方面員工強調自己的生活自由，不願意讓沒完沒了的加班影響自己的生活。

如今在職場，有許多人面臨著要不要加班這個問題。很多人心裡都不樂意加班，但出於無奈，天天下班之後還要在公司裡加班。有職業規劃師分析認為，加班的原因主要有幾種：

第一，辦公室氛圍，大家都在加班；第二，工作效率低下，必須透過加班來彌補；第三，賺取加班費或等待其他機會；第四，為實現自己的強烈欲求而自我加壓；第五，工作能力不夠。

如何解決加班的問題呢？與領導人溝通是必不可少的。如果你已經將工作完成，在你看來完全沒有加班的必要，但是大家都還在加班，那麼你就不要大搖大擺地離開。不如找到主管或者經理，向他彙報你的工作，讓他知道你已經完成了任務。或者友好地向他表明你對於工作和生活的態度，取得他的理解。

此外，偶爾做出一些讓步也未嘗不可。臨近年終，公司的業績還沒有完成，領導人號召大家為公司的整體利益著想，儘量加班多出成果。遇到這樣的情況，你不妨把自己的利益稍微放下，先配合公司的工作。

做出適當的讓步不是犧牲，相反的，你以大局為重的精神能得到上司的賞識，進而獲得更多發展的機會。但是如果你依然堅持不加班，絲毫不肯跟公司與其他人配合，那麼等待你的很有可能是「冷板凳」，你的事業也會跌入谷底。

03 你的生命折舊速度由你自己控制

職場潛規則

要努力尋找工作和生活的平衡、事業和家庭的平衡、外界和自我的平衡，要讓身體變得強健，意志變得堅強，心胸變得開闊。不要讓你的身體加速折舊，因為生命只有一次，我們沒有更換生命的機會。

我們先聽聽一位運輸業老闆與一位農民的對話。

老闆：「你一年能賺多少錢？」

農民工：「今年很差，二十萬不到。」

老闆：「也不錯了。」

農民工：「沒你們跑運輸的賺的多。」

老闆：「我們也賺不了多少錢，除去車子的折舊率，基本上也就沒錢了，不像你們賺多少就是多少，是純收入。」

農民工：「說的也是！」

顯然，這位農民忽視了對生命折舊計算。一年又一年之後，你身體的各個部位還健康嗎？

折舊是資產價值的下降。無論在企業核算中，還是在國民經濟核算中，折舊都是指在所考察的時期中，固定資本所消耗掉的價值的貨幣估計值。。

固定資本的物質形態在報廢之前是在生產中長期被使用的，它的價值卻是按照其在生產中的損耗程度一部分一部分逐漸地轉移到產品中去的。為了保證再生產的正常繼續進行，必須在產品銷售以後，把那部分已經轉移到新產品中去的固定資本的價值，以貨幣形式提取並累積起來，以便若干年後，即在固定資本價值全部轉移完畢時，用於更新固定資本。

根據生理學的研究報告發現，設定三十歲為一個人生命力的最巔峰，但往後每年長一歲，其器官功能則以〇・八％的比率下降；也就是說，人到了四十歲，其內臟器官功能僅剩下其在三十歲時的九十二％，而假若個體可以活到八十歲，則其器官的自然折舊率亦高達四十％；此時，個體的機能存留度僅剩下六十％而已。況且，人在一生中不可能不會經歷病痛，因此自然折舊再加上不當的使用折舊，也就使得個人的天年有所折壽。

作為一名精英白領，偉傑無疑有著太多驕傲的資本，大學一畢業就被這家有著外資背景的公司錄用，經過六年的打拼就坐到了客服經理的位置上，超過百萬的年薪更是讓不少人羨慕。但是，沒有人知道他的壓力有多大：

「我每天醒來的第一件事情，不是洗臉刷牙，而是看昨天夜裡記的備忘錄；下班前的最後一件事情，看看哪些東西夜裡必須做完，明天有哪些工作要做。早上我第一個到公司，晚上我最後一個下班，別人對我的工作上稍有不滿意，我就會緊張半天。應酬時，哪怕快吐了也得把手中的酒喝完然後跑到廁所再吐。

我經常是凌晨兩、三點回到家。沒有週末，每個星期都要寫很多報告，所謂

的週末，就是在家裡繼續上班。儘管我每天都回家，卻很少見到家裡的人……知道心累是什麼感覺嗎？就是身體好好的，而心裡卻是軟綿綿的沒有絲毫力氣。你感覺到自己明明還好好地活著，但卻覺得自己像是即將死去一樣。

有一天，頭暈得要死，上吐下瀉，不得已只好請假去看醫生。醫院的一位主治醫生告訴我，按照醫學上的解釋，我的身體狀態介於健康與疾病之間。由於工作壓力繁重，已經超出了身體所能承受的負荷。美國疾病控制中心把這種狀態診斷為『慢性疲勞綜合症』，日本叫『過勞死』。聽完醫生的話，我決定正式辭職，全心治病。一年多的時間，花費許多金錢但病情不見好轉。

生病後，我時常想：我這一輩子已經完了，再也回不到以前的生活和狀態了。心裡很難受，很多時候甚至覺得死比活著好，終於明白日本當初為什麼有那麼多年輕人會從樓上跳下去、會『過勞死』。現在，當看到年輕人在選擇職業時，以能夠進入高級辦公大樓為榮，以在外商企業、跨國公司工作為榮，以高收入為榮，我就想上去提醒他們一句：別過度追求物質而使身體加速折舊。」

這是一個讓人感到痛心的案例。醫療專家們呼籲，重視精英健康已刻不容緩，必須馬上行動。可悲的是，對精英的調查讓人大吃一驚：二十%的精英白領幾乎不做任何形式的體育鍛鍊；半數的精英白領說沒有時間或者工作太累而不想鍛鍊；還有四十%的精英白領則說不願意將時間浪費在鍛鍊上，因為有重要的事情要做。

醫療專家指出，精英白領要努力尋找工作和生活的平衡、事業和家庭的平衡、外界和自我的平衡，應該選擇一項或幾項真心喜歡的運動，同時把它作為一個愛好和快樂投資長久堅持下來，不僅身體可以變得強健，意志也會更堅強，心胸更開闊。

不要讓你的身體加速折舊，因為生命只有一次，我們沒有更換生命的機會。

04 選擇什麼樣的生活由你說了算

職場潛規則

金錢不是生活中最重要的。如果你要做一個快樂的人，一定要記住不要讓自己變成金錢的僕人，因為當金錢變成你的生活目的時，你就很難體會到生活帶給你的簡單的樂趣了。

一位思想家說過，金錢雖然可以為我們帶來幸福，但如果處置不當，它只會帶給人無盡的煩惱！

里奧・羅斯頓是最胖的好萊塢影星，一九三六年，在英國演出時，因心肌衰竭被送進湯普森急救中心。搶救人員用了最好的藥，動用了最先進的設備，仍無法挽回他的生命。臨終前，羅斯頓曾絕望地喃喃自語：「你的身軀很龐大，但你的生命需要的僅僅是一顆心臟！」

羅斯頓的這句話，深深觸動了在場的哈默院長，作為胸外科專家，他流下了淚。為了表達對羅斯頓的敬意，同時也為了提醒體重超常的人，他叫人把羅斯頓的遺言刻在了醫院的大樓上。

一九八三年，一位叫費迪的美國人也因心肌衰竭住進了湯普森醫院。他是位石油大亨，兩伊戰爭使他在美洲的十家公司陷入危機。

為了擺脫困境，他不停地往來於歐亞美之間，最後舊病復發，不得不住進醫院。他在湯普森醫院包下了一整層樓，增設了五部電話和兩部傳真機。當時的《泰晤士報》是這樣渲染的：湯普森——美洲的石油中心。

費迪的心臟手術很成功，他在這兒住了一個月就出院了。不過他沒回美國。他在蘇格蘭鄉下有一棟別墅，是十年前買下的，他在那兒住了下來。

一九九八年，湯普森醫院百年慶典，邀請他參加。記者問他為什麼賣掉自己

的公司，他指了指醫院大樓上的那一行金字。後來有人在費迪的一本傳記中發現這麼一句話：「富裕和肥胖沒什麼兩樣，也不過是獲得超過自己需要的東西罷了。」

費迪和羅斯頓的例子告訴我們，單純追逐金錢的生活是不明智的。生活中能夠帶給我們歡樂和幸福的，除了金錢之外，還有愛心、健康、智慧等重要的東西。如果我們一心只想著追逐金錢，就會像大文豪巴爾扎克筆下的老葛朗台一樣，為自己的生命套上一只重重的枷鎖，終日辛勞，絲毫體會不到生活的樂趣。

買買提是一位快樂的新疆小姑娘。她的父親失業後，全家靠吃羊市上賣剩的羊雜碎過活。一天，她在一個商場的櫃檯內看到了一只帶紅色塑膠花的小髮夾，頓時她便迷上了它。

她趕緊跑回家去央求媽媽給她一元。母親歎了口氣（一元能買半斤羊雜碎），但父親說：「給她錢吧，這麼便宜的價格就能為孩子買到快樂，今後是不會再碰上的。」那時，買買提就明白，這一元所能買到的是比金子還貴重的快樂。

金錢不是生活中最重要的。如果你要做一個快樂的人，一定要記住不要讓自己變成金錢的僕人，因為當金錢變成你的生活目的時，你就很難體會到生活帶給你的簡單的樂趣了。

要想快樂，我們必須高舉簡單生活主張。

簡單是一種內斂的生活主張。它不是那種流浪式的簡易生活，也不是像一些修行者所恪守的那種清靜無為的生活。它是一種積極主動、充滿熱情和創造力的生活。俄國著名作家托爾斯泰說過：「一個人只有在用勞動創造價值的過程中才會感到生活的快樂。」

我們主張簡單生活是為了把人們從名利的奴役下解救出來，使人們明白人生的意義不僅僅在於得到可以帶來安逸生活的財富和地位，更重要的是自我實現。

一個追求自我實現的人，會因為沒有名利這個沉重枷鎖的壓迫而輕輕鬆鬆、毫無顧慮地工作，並且有著持久強大的熱情，最大限度地發揮自己的潛能，最大限度地服務於社會。

簡單生活是除去一些生命中無意義的事，去做一些自己想做和值得做的事。

它注重的是一種精神上的滿足感，一個完全無所作為的人，他的精神花園必然萎縮荒蕪。

所以，一個懂得簡單生活的人不僅不會放棄工作和生活中的進取精神，相反，他會遵從內心的聲音，選擇一個能把自己所擁有的技能、所享受到的樂趣以及所認可的人生意義三者相結合的工作，然後在這個最能體現人生價值的平臺上，展示自己和完善自我。

05 公司只教你如何工作不教你如何休息

職場潛規則

有人舉重若輕，有人舉輕若重。善於休息的人才能善於工作。而要達到善於工作，必須以善於休息為基礎。如果你不能科學安排自己的休息問題，你就不可能高效工作。

休息可以使一個人的大腦恢復活力，提高一個人的工作效能。

「曾經有一段時間，我也認為休息大於過浪費時間，但是後來我發現不注意休息的直接後果是工作效率的低下，」史蒂芬感慨地說：「中國古人講：『一張

一弛，文武之道也。』身處激烈的競爭之中，每一個人如上緊發條的鐘錶。因此，一名高效能人士應當注意工作中的調節與休息，不但對自己健康有益，對事業也是大有好處的。」

一、學會擱置問題

高效能人士不會固執在解決不了的問題。學會擱置問題，把問題先放旁邊，不失為一個放鬆休息的好方法。相反，太固執於一時無法解決的難題，容易產生垂直思考的弊害。這裡，有一個水準思考解決問題的小故事：

有一位債主向債務人討債，逼迫他說：「不還錢沒關係，拿你的女兒來抵債！」說著，便從地上黑白交雜的石堆裡撿起兩顆石子來，狡猾地笑著說：「來吧！我兩手中有一邊是黑石頭，一邊是白石頭，你選一個。如果選中白石頭的話，欠的錢無限期延期；如果選中黑石頭的話，嘿嘿，就拿你的女兒來抵債！」

其實，債務人已清楚地看到債主拾起的兩顆都是黑色的石子。所以不論選擇哪一邊，女兒都得給人家，但又沒有拒絕選擇的餘地……終於，債務人勉強地伸出手來指著其中的一個拳頭，作了抉擇。但在要接過石子的時候，他抖著手故意不小心把石子掉到地上去。地上滿是黑白石子，誰也找不出到底哪一個才是掉下去的石頭，這時，債務人一副抱歉萬分的神情：「對不起，我把石頭弄掉了。但是看看你手中石頭是什麼顏色，就能知道掉下去的是黑石子還是白石子了。」

故事的結果，聰明的讀者當然會猜出來。因為留在債主手中的是黑石子，所以債務人選的就是白石子，化險為夷了。像這種情形。如果一味繞著「選或不選」的問題傷腦筋的話，是無法找出解決對策的，必須重新思考，才能從另一個角度發現解決的方法。

而解決工作上的問題也是同樣的道理，在垂直思考之外，也要加進水平的思考才能找出解決辦法來。所以，為了避免陷於垂直思考的僵局，在碰釘子的時候，不妨暫且擱置問題，讓頭腦靜下來。或許，辦法就在你將問題放置在一旁的時候悄然來臨。

二、積極的休息

一名高效能人士應當學會積極的休息，因為這是維持高工作效能的重要條件。所謂「積極的休息」是因為這種休息有別於單純的歇息，是為了保持工作效率而

作的休息。既稱為「積極的」，這種休息必須在短時間內達到最大的效果。事實上，在辦公時間內也不可能做長時間的休息。

一般而言，辦公室的工作會使人感到疲勞，大都是因為長時間保持同一姿勢，使得血液循環不良，導致筋肉疲憊。所以，如果你一直保持著前屈姿勢，那麼在休息的時候，可以做一些反方向的動作，使原本受壓迫部位的血液得以暢通，使用過度的筋肉得以舒展。這些動作實在很有效。

心理學家們認為，疲倦的感覺是生理自然反映出來的警告。提醒我們身體某部位超過負荷。如果置之不理，將更增加身體的負擔。所以，一旦出現了警告資訊，讓負擔過重的部位恢復正常，才是明智之舉。

把休息時間定為三分鐘，雖然沒有什麼學理上的依據，但確實有某些程度的根據。三分鐘正好是很多事情最小的段落。電話一通、拳擊賽一回合，都是以三分鐘為一單位。

因此，只要三分鐘，就足夠讓疲憊的身體恢復原本的活力。如果超過三分鐘，可能會因為中斷太久，無法立即繼續先前的工作。這一來，休息反而降低了工作效率。

至於這三分鐘的使用方法，可就因人而異了。為了使疲憊的身心得到休息，你可以放下手邊工作，聽聽音樂，或是欣賞自己喜愛的畫家的作品。不過，在辦公室裡，想要聽音樂，欣賞名畫，似乎有些困難。所以，還是以活動一下筋骨比較合適。當然，三分鐘不過只是大略估計而已。只要能達到效果，兩分半鐘或是兩分鐘也是可以的。

此外，並不是每小時都得休息三分鐘。只要覺得身心能保持最佳狀況，一點也不疲勞的話，繼續工作也未嘗不可。如果硬性規定每工作一小時就得休息，說不定會打斷正在進行的工作，不但無法提高工作效率，反而降低了效率。更何況做一下就休息一會兒，只能算是混水摸魚，而不是「積極的休息」了。

午休也是一樣。如果無視工作進行情形，只因為時間到了就休息，往往會打斷正進入狀況的工作。所以，如果手邊工作進行得很順利，就不妨在告一段落後才休息。從事體力勞動的人，如果休息時間多的話，每天就可以做更多的工作。

三、回家躺在地板上，放鬆自己

一個高效能人士，面對堆積如山的工作和歸家之後繁忙的家庭生活，一定要懂得如何放鬆自己。你有一點強過別人的地方——只要想躺下隨時就可以躺下。而且你還可以就躺在地上。奇怪的是，硬硬的地板比裡面裝著彈簧的席夢思床，更有助於你放鬆自己。地板給你的抵抗力比較大，對脊椎骨大有益處。

下面就是一些可以在自己家裡做的運動，你可以嘗試著做一下。

一、只要你覺得疲倦了，就平躺在地板上，儘量把你的身體伸直，如果你想要轉身的話就轉身，每天做兩次。閉起你的兩隻眼睛，像心理專家所建議的那樣說：「太陽在頭上照著，天藍得發亮，大自然非常沉靜，控制著整個世界——而我，是大自然的孩子，也能和整個宇宙調和一致。」

二、如果你無法躺下來，你可以坐在一張椅子上，得到的效果也完全相同。在一張很硬的直背椅子裡，像一個古埃及的坐像那樣，然後把你的兩隻手掌向下平放在大腿上。

三、現在，慢慢地把你的十隻腳趾頭蜷曲起來——然後讓它們放鬆；收緊你的腿部肌肉——然後讓它們放鬆；慢慢地朝上，運動各部分的肌肉，最後一直到你的頸部。然後讓你自己的頭向四周轉動著，想像你的頭是一顆足球。要不斷地對你的肌肉說：「放鬆……放鬆……」

四、想想你臉上的皺紋，儘量使它們抹平，鬆開你皺緊的眉頭，不要閉緊嘴巴。如此每天做兩次，也許你就不必再到美容院去按摩了，很快這些皺紋就會從此消失了。

五、用很慢很穩定的深呼吸來平定你的神經，要從丹田吸氣。印度的瑜伽術做得不錯，有規律的呼吸是安撫神經的最好方法。

06 壓力都是你施加給自己的

職場潛規則

壓力都是自己給自己施加的。任何人都會有壓力，只不過擅於調節自己情緒的人總是能夠在壓力產生的時候，在身體內部修建一個管道，用以緩解壓力放鬆自己。

長期的抑鬱、焦躁會導致多種惡性腫瘤，因此，放鬆自己是防治癌症的有效方法。放鬆可使你忘記一天的煩惱和問題，雖然每個人都有放鬆的必要，但就是有人無法放鬆自己。

你的意識會挑選一項目標作為你注意力集中的對象，這意味著你的內心已排除其他所有事情，因此，你不會因為躺在躺椅中說一聲「我在放鬆自己」就能真正放鬆自己，因為你的思想還是環繞著一個既定問題在轉。

你必須找一個放鬆的目標，並使你的注意力集中到它身上，才能達到真正放鬆的目的，例如放風箏、園藝、看小說或做任何其他能吸引你注意的事情。

看電視和吧臺喝酒並不能使你真正放鬆，你應該培養不同的興趣，以使你的思想能換換口味，練習坐禪會為你的精神力量帶來不可思議的好處，體力勞動可能也是一項你樂於從事的活動。你不但要放鬆你的思想，同時也要放鬆你的身體。

一天之中能有短暫的休息可解決你的緊張，並給你的潛意識活動的機會。放鬆自己並不是偷懶的表現，反而是讓你的思想保持在最佳狀態的妙藥。放鬆自己不是偷懶，那麼加班是不是真的勤快，是不是真的對自己負責？

日本一家著名企業N公司的一位高級行政人員，在談到該公司的用人標準時說：「直到前幾年，日本多數企業的領導人把下班後加班的人視為好職員，如今卻不這樣認為了。一個職員靠加班來完成工作，說明他不具備在工作時間內處理完工作事務的能力。」

「加班不等於好職員」——這個新觀點，似乎與我們的傳統觀念有點矛盾。其實不然。加班的目的何在？在於提高工作成效。那麼，無休止地加班是不是就一定能使工作效率迅速提高呢？未必。加班，在短期內也許可以出點成果，但如果長期下來沒有喘氣時間，沒有學習時間，沒有娛樂時間，沒有鍛鍊時間，這工作效率又怎麼能提高呢？

拿破崙・希爾認為：任何一種精神和情緒上的緊張狀態，完全放鬆之後就不可能再存在了。這就是說，如果你能放鬆緊張情緒，就不可能再繼續憂慮下去。所以要防止疲勞和憂慮，首先要做到：常常休息，在你感到疲倦以前就休息。

這一點為何重要呢？因為疲勞增加的速度快得出奇。美國陸軍曾經用幾次實驗，證明以年輕人為例，如果不帶背包，每一小時休息十分鐘，他們行軍的速度就加快，也更持久，所以陸軍強迫他們這樣做。

在一本名叫《為什麼要疲倦》的好書裡，丹尼爾・何西林說：「休息並不是

絕對什麼事都不做，休息就是修補。」在短短的一點休息時間裡，就能有很強的修補能力，即使只打五分鐘的瞌睡，也有助於防止疲勞。棒球名將康黎・馬克說，每次出賽之前如果不睡一個午覺，到第五局就會覺得精疲力盡了。可是如果他睡午覺的話，哪怕只睡五分鐘，也能夠賽完全場，而且一點也不感到疲勞。

約翰・洛克菲勒創造了兩項驚人的紀錄：他賺到了當時全世界為數最多的財富，也活到九十八歲。他如何做到這兩點呢？最主要的原因當然是，他家裡的人都很長壽，另外一個原因是，他每天中午在辦公室裡睡半個小時午覺。他會躺在辦公室的大沙發上——而在睡午覺的時候，哪怕是美國總統打來的電話，他都不接。

這告訴我們在工作中要積極主動的休息。如果你是一名打字員，你就不能像愛迪生或是山姆・戈爾德溫那樣，每天在辦公室裡睡午覺；而如果你是一個會計員，你也不可能躺在長沙發上跟你的老闆討論帳目的問題。可是如果你住在一個小城市裡，每天中午回去吃中飯的話，飯後你就可以睡十分鐘的午覺。

如果你沒有辦法在中午睡個午覺，至少要在吃晚飯之前躺下休息一個小時，

這比其他的休息方法有效多了。

如果你能在下午五、六點、或者七點鐘左右睡一個小時，你就可以在你生活中每天增加一小時的清醒時間。為什麼呢？因為晚飯前睡的那一個小時，加上夜裡所睡的六個小時，一共是七小時——對你的好處會比連續睡八個小時更多。

07 快樂和工作沒有一丁點矛盾

職場潛規則

世界上沒有一個人因煩惱而獲得好處，也沒有因煩惱而改變自己的境遇。但煩惱卻隨時隨地損害人們的健康，消耗人們的精力，減少人們工作的效能。

世界上沒有一個人因煩惱而獲得好處，也沒有人因煩惱而改善自己的境遇，但煩惱卻有損人的健康和精力。世界上有無數的人受著煩惱的壓迫，為了擺脫它，許多人竟成了醉漢和菸鬼，甚至出賣了自己的生命。

沒有人能計算出由煩惱而給個人與社會所造成的損失的總量。由於煩惱的緣故，使一些天才人物做著極其平庸的工作。要說會引起失敗、傷心、失望，人世間莫過於煩惱了。

工作不能損傷人，但煩惱卻能傷害好多人。做任何工作、做任何事情，不會使自己受到損害，但對工作的厭倦、恐懼，卻使我們遭受了許多損害。

世界上沒有一個人因煩惱而獲得好處，也沒有因煩惱而改變自己的境遇。但煩惱卻隨時隨地損害人們的健康，消耗人們的精力，減少人們工作的效能。人整天在煩惱中，生命便消磨得很快，很多人為什麼人未老，髮先白？就是這個道理。

年齡不大，就是整日將「煩死了」掛在嘴邊。你從思想就沒有靜下來，豈有不煩之理。煩惱不僅使面容變老，還會使人的心靈變老。面容的皺紋你可以去掩飾，但心靈的變老又該如何呢？最好的補救辦法就是你從心底將「煩惱」去掉，否則你永遠得不到快樂，得不到健康也得不到成功。這並不是危言聳聽，這是事實。驅除煩惱最好的方法，就是處理好工作與生活的不幸方面，以樂觀地態度對待所發生的事。

維持身體的健康，也是驅除煩惱的重要條件。良好的胃口、充足的睡眠和清爽的神智都能夠消滅許多煩惱。身體強健的人，往往就沒有煩惱侵入的縫隙。你一旦察覺到恐懼、憂慮的思想要侵入你的心中，就需立刻把勇敢、希望和自信放進自己的思想裡，那些煩惱的毒素就無法蔓延。

醫治煩惱，無需尋訪醫生，你完全可以自己治療。這藥就在你的思想裡，在你煩惱的時候，你只需用希望來代替失望，用勇敢來代替沮喪，用樂觀來代替悲觀，用寧靜來代替煩躁，用愉快來代替煩悶就足夠了，這樣，煩惱永遠不會走入你的生命。

林肯曾經說過：「根據我的觀察，人們快樂與否，完全是自己的決定。」努力讓別人快樂，最能夠使自己快樂。作家克蕾兒・鐘斯的丈夫是奧克拉荷馬大學宗教學系的教授。她說到自己的婚姻生活：「結婚頭兩年，我們住在一個小鎮上。鄰居是一對非常老的夫妻，妻子幾乎看不見東西，坐著輪椅；老先生的身體不太好，還要負責照顧屋子和妻子。

耶誕節前幾天，丈夫和我開始佈置聖誕樹。我們決定送給老人家一棵。我們

買了一棵小樹，用亮片和彩燈裝置，綁上幾個小禮物，在耶誕節前一天晚上送過去給他們。老太太在昏暗的光線中看到耀眼的燈光，高興地哭了起來。她丈夫一再地說：『我們好幾年沒有買過聖誕樹了。』其後的一年內，每次我們去看他們，他們都會提到那棵樹。

第二年的耶誕節，他們搬走了。雖然我們為他們所做的事情微不足道，但是卻很高興自己這麼做。」

付出善意所帶來的快樂，在他們的心裡留下非常深遠且溫暖的回憶。快樂與否，都是自己決定。關鍵在於你的態度。

殘障不能阻礙快樂。海倫‧凱勒生來既聾又啞且盲，完全無法與周遭的人溝通。她的一生過得十分快樂，愛人且被愛。海倫‧凱勒深深地為自己的幸運感恩，她把美好的事物與人分享，也為自己帶來更多美好的事物。與別人分享快樂，自己會更快樂。相反的，如果你和別人分享悲慘和不快樂，會讓自己更不快樂，別人也會對你敬而遠之。世界上有許多寂寞的人，渴望愛和友誼卻得不到；有些人希望幸運能夠降臨在自己的身上，卻不願意和人分享任何美好的事物。

世界最快樂的人長在「快樂谷」裡面。他的富有在於他擁有永恆的價值，在於他擁有永遠不會失去的東西——那些給他滿足、健康、心靈的平靜與靈魂的和諧的東西。以下就是他所擁有的財富和他獲得財富的方法：

我幫助別人尋求快樂，因而自己也尋得快樂。

我的生活很節制，因而獲得健康。

我不恨人，不嫉妒人，卻愛護、尊敬所有的人。

我從事愛心活動，慷慨地付出，因此很少疲倦。

我不要求任何人的恩惠，只要求一個特權——讓所有喜歡我幸福的人跟我分享這幸福。

我與自己的良心交好，因此它正確地引導我做每一件事情。

我的物質財富超過我的需要，因為我不貪求；我只渴望那些在我活著時讓我活得有意義的東西。我的財富來自那些因分享我的幸福而受益的人。

08 沒人能幫你消除你內心的恐懼

職場潛規則

思想是身體健康的最大敵人。如果不能克服恐懼之心，你的身體機能會因為思想上的巨大壓力而衰退。其實恐懼並不可怕，就看你該如何面對恐懼。

思想對健康產生著重大影響。沒有一個醫生能夠像愉悅的思想一樣，驅除身體的病痛；沒有一個安撫者能夠像良好的祝願和真實的幸福一樣，趕走悲哀與傷心的陰影。

身體是思想的奴僕，它服從於思想的指引。無論想法是特意選擇或是自動表現的。有罪惡思想的壓力，身體會迅速墮落至疾病與腐朽。有愉快、美好思想的指揮，身體也會受到青春與美麗的祝福。

疾病與健康，像環境一樣，深深地根植於思想之中。有缺陷的思想會透過有病的軀體表現出來。眾所周知，恐怖的想法殺死一個人的速度不亞於一顆子彈。事實上，這些想法也一直不停地消磨著成千上萬人的生命。那些生活在對疾病恐懼中的人，是心理上有疾病的人。焦慮會迅速地侵蝕身體的銳氣，進而使身體無法抵禦疾病的入侵。不純潔的思想會很快破壞人和神經系統，即使這些想法並未變成實際行動。

堅強、純潔和快樂的思想會使身體充滿活力與魅力。身體是一種精緻可塑的器具、它會非常迅速地對思想做出反應。已成習慣的思想會對身體產生一定影響，可能是好的也可能是壞的。

純淨的思想培養純淨的習慣。如果你想擁有一個完美無缺的身體，就注意你的思想。如果你想讓自己的身體煥然如新，請美化你的思想。邪惡、妒嫉、失望、沮喪的想法會奪走身體原有的健康與優雅。不愉快的面容不是偶然出現的，那是不愉快的思想的作品。破壞了美麗線條的皺紋是愚蠢、狂熱和傲慢留下的。當你心中總充滿歡樂、美好的願望和寧靜時，你才能擁有強壯的體魄和明朗、快樂或寧靜的面容。

例如有一次拿破崙・希爾在一處教堂裡講過話後，有位婦女直率地對他說：「我身上癢得要命。我該怎麼辦才能止住癢？」

「這位女士，」拿破崙・希爾回答說，「說真的，我的講話曾經引起各種反應，但是能使人身上發癢倒是第一次。」

「差不多三年以來我身上常常會發癢，但是不知道怎麼回事，我一上教堂就特別會有這種情形。你看看我的手臂，現在就癢得不得了。」她露出來的手臂看不出有什麼東西，或許有點發紅。為什麼在教堂裡會覺得身上癢？拿破崙・希爾感到非常驚奇。和她交談之下，顯露出來的唯一跡象，也是極其強烈鮮明的跡象，就是她對姐姐極度的憤恨。

她說她姐姐是分配她們遺產的執行人，沒有把她「應得的」大部分財產分給她。拿破崙・希爾推想，由於她是長期上教堂的虔誠信徒，她對她姐姐的憤恨，使得她自己一到教堂裡就感到罪惡。因此，得出的結論是，她身上的癢很可能是罪惡感和憤恨集在一起所產生的症狀。

拿破崙・希爾出於好奇，因此請求並且得到她允准，去和她的醫生討論這件事。拿破崙・希爾把她的話告訴醫生，醫生也大感興趣。「她從來沒有把這種情形告訴我。」他說，「這位女士必定是有著我們可以稱之『心內的熱疹』。她必定是從裡面抓，而產生了外部的假癢。我覺得如果能夠說服她排除掉憤恨，她的癢病很可能就會治好。這至少值得一試。」

醫生就根據這決定和她深談了一次，要她再來看拿破崙・希爾，並且警告她說：「如果妳不改掉妳不健康的想法，妳會癢到精神崩潰。」

她接受了這種治療，但是並不容易，因為她的憤恨已經深入了她的心裡面。她原諒了姐姐，這是排除憤恨的第一步，當罪惡感日益減輕的時候，她的發癢症也減少發作，最後完全好了。而她態度的改變也影響了她那貪心的姐姐，姐姐又給了她一些錢，兩人從此都很滿意。

可見，如果你有不健康的想法就容易變得不健康，你要健康，充滿活力和朝氣，就必須克服不健康的想法。

科學上已經得到證據，情緒的緊張、情緒的壓抑可以產生長期的精神消沉和疲勞，同時降低身體抵抗疾病的能力。長期的憂慮和煩心，沒有控制的感情和脾氣，現代生活的高度壓力和節奏，都可以使得心臟、腎臟、肝和其他重要器官產生功能減退的變化，並且帶來高血壓和動脈硬化。憤恨和恐懼可以像任何有毒化學品一樣毒害我們的身體。因此健康的想法可以使身體產生活力，有助於身體保持平衡和發揮正常功能。

恐懼和焦慮會使你的內心產生不和諧，有容易發怒的浮躁現象，並會造成嚴重的心理失調以及生理疾病，甚至可能造成死亡，人體的許多小症狀都是由於心理疾病所造成，或者因為心理疾病而更加惡化。

你必須驅除恐懼並以信心取而代之，為了達到此目的，讓我們先瞭解一下恐懼是如何影響人體機能的。短暫的恐懼，不但是一種正常現象，而且也是一種重要機能，它會使你遠離即將開過來的汽車；或提醒你別太靠近暗礁，並且把你的注意力完全集中在一個特定的問題上。一旦這個問題獲得解決時，你的恐懼便會立即消失。

恐懼會使你的身體機能集中到潛在的威脅上，穴居原始人就是最好的例子。當他們聽到什麼聲音的時候心跳就會加速，血液會集中到肌肉以供肌肉使用，附近的血管會擴張以便接受更多的血液，而靠近皮膚的血管會收縮以免被割傷時流太多血。所有這些反應都是為了準備進行戰鬥。

這是一種非常劇烈的反應，但這種反應並不是一種永恆的狀態，因為它不是我們身體應有的正常狀態，然而有些人每天都處於這種狀態或持續一段長時間，因為我們經常在恐懼之中。你必須設法排除引起恐懼的原因：

害怕失去金錢：你是否訂定一套方法，來保護和開拓你的資產？

害怕疾病：你是否徵詢過顧問的意見，並遵循這些意見？

害怕失去愛：你是否像追求事業一樣地做一些努力，以增進你們之間的感情？

害怕死亡：你是否尋求幫助，並且瞭解以信心取代恐懼的適當時機？

引起恐懼的原因很多，但是如果你能培養積極心態，並且能發展出健全的心智，就必定能戰勝恐懼和焦慮。

如果你的心中不斷地出現同樣的恐懼和焦慮時，不妨請教一下專家的意見。這樣做並不表示你是軟弱的人，這表示你是一個成熟而且注意自己健康的人，一小段時間的治療，會給你帶來長時間的快樂。

記住，無論你心裡想的是什麼，都可能會成為事實，一個害怕在冰上滑倒的人必定會滑倒在冰上。如果你的心中一再重複出現恐懼，你就會愈來愈怕你所恐懼的事物，你應該在被恐懼征服你之前先征服恐懼。驅除恐懼的最好方法，就是培養積極心態。

09 你的習慣你做主，就看你怎麼培養

職場潛規則

很少有人會意識到，自己身上的小病有著很大的自我暗示作用。時間一長，就會形成壞習慣。好的習慣把人立於不敗之地，壞的習慣把人從成功的神壇上拉下來。

成功學論奧里森・馬登說：世界就像一座大軍營，我們都是最高統帥的指揮下的士兵。每天，如果不是真正無法動彈，就必須按時出操。

人是一種惰性十足的動物。或多或少，我們都易於放鬆自己。在你感到很累時，習慣懶洋洋地躺在床上，這是最簡單的動作。許多所謂的「無能為力」只是懶惰的藉口。

很少有人會意識到，自己身上的小病有著很大的自我暗示作用。時間一長，就會形成壞習慣，好像自己總是不舒服，如果誰早晨起床有點頭痛或其他小毛病時，不是立即想辦法克服或採取積極的心態面對，而是不厭其煩地向別人訴說；不是去戶外走走，呼吸新鮮空氣，擺脫消極情緒，而是趕緊吃止痛藥或其他特效藥，但這種做法只會使你真的覺得生病了。你會在不知不覺中誇大小症狀，以為自己得了什麼大病，什麼工作都無法完成了。

人都在盡力追求健康、美麗和生活的歡樂。歌德說：「人們的年齡會變化，但是沒有人會變老。」只要人們不斷追求，以積極的心態來面對生活，就會有效地防止自己變老。即使生理老化，其心理也永遠年輕。

有個時期，美國第一富豪蓋蒂的菸抽得很凶，有一天，他渡假開車經過法國，那天正好下著大雨，地面特別泥濘，開了好幾個鐘頭的車子之後，他在一個小城裡的旅館過夜。吃過晚飯他回到自己的房裡，很快便入睡了。

他清晨兩點鐘醒來，想抽一支菸。打開燈，他自然地伸手去找他睡前放在桌上的那包菸，發現是空的。他下了床，找了找衣服口袋，結果毫無所獲。他又翻了翻他的行李，希望在其中一個箱子裡能發現他無意中留下的一包菸，結果他又失望了。他知道旅館的酒吧和餐廳早就關門，心想，他現在唯一能得到香菸的辦法，就是穿上衣服，走到火車站，但它至少在六條街之外。

情景看來並不樂觀，外面仍下著雨，他的汽車停在離旅館尚有一段距離的車庫裡，而且，別人提醒過他，車庫午夜關門，第二天早上六點才會開門。而且現在能夠叫到計程車的機會也幾乎等於零。顯然，如果他真的這樣迫切地要抽一支菸，他只有在雨中走到車站。

但是要抽菸的慾望不斷地侵蝕著他，並越來越濃厚。於是他脫下睡衣，開始穿上外衣。等衣服都穿好了，伸手去拿雨衣，這時他突然停住了，並開始大笑，笑他自己。他突然體會到，他的行動多麼不合乎邏輯，甚至荒謬。

蓋蒂站在那兒尋思，一個所謂的知識份子，一個所謂的商人，一個自認為有足夠理智對別人下命令的人，竟要在三更半夜，離開舒適的旅館，冒著大雨走過

好幾條街，僅僅是為了得到一根香菸。

蓋蒂生平第一次注意到這個問題，他已經養成了一個不可自拔的習慣，他願意犧牲極大的舒適，去滿足這個習慣。這個習慣顯然沒有好處，他突然明確地注意到這點，頭腦很快清醒過來，片刻就作了決定。

他下定了決心，把放在桌上的空菸盒揉成一團，丟進廢紙簍裡。然後脫下衣服，再度穿上睡衣回到床上。帶著一種解脫，甚至是勝利的感覺，他關上燈，閉上眼，聽著打在門窗上的雨點。幾分鐘之內，他進入一個深沉、滿足的睡眠中。自從那天晚上後，他再也沒抽過一支菸，也沒有抽菸的慾望。

蓋蒂說，他並不是利用這件事指責香菸或抽菸的人。常常回憶這件事，僅僅是為了表示，以他的情形來說，被一種壞習慣制服，已經到了不可救藥的程度，差一點成為它的俘虜！

常常做一件事就會成為習慣，而習慣的力量的確大極了。但是人類也有一股不小的緩衝能力，人類既然有能力養成習慣，當然有能力去除他們認為不好的習慣！

10 善於自我營救的人能夠戰勝疾病

職場潛規則

只要平時多注意，生活有規律，加強鍛鍊，完全可以預防疾病的發生，省去得病之後的許多麻煩。其實，病來了誰都沒有辦法，而善於自我營救的人會化劣勢為優勢，在疾病中崛起。

人吃五穀雜糧，哪有不生病的。當你健康時，要預防疾病；當病魔找上你時，你要與之鬥爭。預防疾病，時刻鬆懈不得，大意不得。

你越不預防，它偏找你的麻煩。你總認為：「我從小身體就好，不會得什麼病！」正是這種思想導致疾病的入侵。與其得病再治，不如加強預防！「病來如山倒，病去如抽絲」，治病既花錢又費力不說，還會耽誤好多時間，包括自己的，也包括家人、朋友的時間和精力。

健康與事業之間也有直接的關係，人不管碰到哪方面的不健康，都會受到病痛的限制。當疾病真的找上了你，你就應與之奮鬥。卡爾今天吃了一大堆柿子。可是，他的腎功能不好。他每週必須到一家醫院去接受兩次血液透析，以維持正常生活。

卡爾也知道，柿子裡含有大量的鉀，大大超過了自己腎臟的承受能力。可是，他仍然狂嚼猛咽，終於，一輛救護車把他送進醫院的急診室。

那麼，他為什麼要這樣不顧後果?卡爾自己也說不清。

卡爾正當中年，家庭和睦，自己又是個工匠，雖然腎臟有病，但一直享受優良的醫療保健。總之，他有許許多多值得為之活著的東西。

也許，他對自己體力虛弱，對自己前臂上用於透析的血管時時疼痛已感到厭倦；也許，他受不了一天到晚要注意飲食，要鍛鍊身體，要保護前臂血管這些煩人的事；也許，他那天就是想吃柿子。總之事實就是，他吃了那麼多柿子，而且差點送命。

我們看到疾病是痛苦的，為了能忍受疾病的痛苦，你必須在開始時就把它原原本本地接受下來。這樣說，並不是要你到此為止，不再尋找各種有效的療法；也不是讓你別去尋找一種切實有效的方式，而帶著病痛生活。

讓你接受目前的狀況，意思是讓你停止一切無謂的努力。例如，期待它會自行消失，或強打精神，裝作自己不受它的困擾，或在設想，要是沒有這個病，情況會是怎樣，或責備命運之神為什麼用它來懲罰自己，或者把自己的注意隨意分散，使自己難以集中精力，面對目前的現實。

你不會喜歡病痛。而且，你極度痛苦。是的，這都沒錯。不過，你現在應該做什麼呢？安塞姆・斯特勞斯寫了一本名為《慢性病與生活品質》的書。書中介紹了各種切實可行的方法，教人們怎樣對付各種慢性疾病。

許多慢性病患者的日常生活需要重新規劃，並採取新的行為方式。如我們應該重新選擇一條到商場購物的路線，以使自己的輪椅能不用爬坡就能順利到達；

早作安排，以防止事故；對家人進行宣教，使家人能更好地幫助自己；合理調整飲食；學會一些自我觀察的能力；把家中的東西重新歸置一下，為急救處理提供方便，把浴室進行改建，放低床的高度，改變鍛鍊習慣，和那些患有類似病痛的人們進行交流，等等。面對疾病和死亡，要讓積極的態度幫助你。

孩子才出生兩天，醫生說：「這個孩子活不成了。」

「孩子會活下去！」父親說，他有積極的態度，也深信禱告的力量。他祈禱，並且採取行動，讓一位態度積極的小兒科醫生照顧他的孩子。那位醫生相信，每一種肉體的殘缺，都能得到補償。孩子真的救活了！

「我活不下去了！」《芝加哥日報》出現這樣的標題，文中提到一位六十二歲的建築工程師，在家中突然感到胸部劇烈疼痛，呼吸困難。比他小十歲的妻子用力摩擦丈夫的手臂，促進他的血液循環，但還是回天乏術。

「我活不下去了。」寡婦告訴身旁的母親。

接著寡婦也死了——和她的丈夫同一天！

小嬰兒活了下來，寡婦卻死了。這是積極與消極的明顯對比。一定要給自己活下去的理由，隨時準備面對任何可能發生的危急情況；潛意識會迫使你的意志更堅強，讓你度過難關。

11 不要猜疑和漠視你的健康

職場潛規則

健康就是一切的本錢。你不必擁有巨額的財富，只要有積極的態度，就能擁有健康。除此之外，對於健康的知識也是必要的。不要漠視你的健康。

有一位年輕的汽車銷售經理，他的面前本是一條灑滿陽光的大道，然而他的情緒卻非常消沉。他認為自己要死了！他甚至為自己選購了一塊墓地，並為自己的葬禮作好了一切準備。

實際上，他只是經常感到呼吸急促，心跳很快，喉嚨梗塞。他的家庭醫生是一位很成功的內科和外科醫生。醫勸他要休息並泰然處理生活，最好退出他所熱愛的銷售汽車的事業。

這位銷售經理在家裡休息了一段時間，但是由於恐懼，他的心裡仍不安寧。他的呼吸變得更加急促，心跳得更快，喉嚨仍然梗塞。這時他的醫生勸他到科羅拉多州去渡假。

科羅拉多州雖有使人健康的氣候，壯麗的高山，但仍不能阻止這位銷售經理陷入恐懼。一週後，他回到家裡。他覺得死神即將降臨。

「打消你的猜疑！」拿破崙・希爾告訴這位銷售經理。「如果你到一個診所去，到明尼蘇達州羅契斯特市的梅歐兄弟診所，你可以徹底弄清病情，而不會失去什麼。立即行動！」按照建議，他的一位親戚開車送他到了羅契斯特市。實際上，他很害怕自己會死於途中。

梅歐兄弟診所的醫生給他作了全面檢查。醫生告訴他：你的癥結是吸進了過多的氧氣。」他笑起來說：「那太愚蠢了……我怎樣對付這種情況呢？」

醫生說：「當你感覺到呼吸困難，心跳加快的時候，你可以對一個紙袋裡呼氣，或暫且屏住氣息。」醫生遞給病人一個紙袋，病人就遵醫囑行事。結果他的心跳和呼吸變得正常了，喉嚨也不再梗塞了，他離開這個診所時是一個愉快的人。

此後，每當他的疾病症狀發生時，他總是屏住呼吸一會兒，使身體正常發揮功能。幾個月以後，他不再恐懼，病症也隨之消失。這件事發生在多年以前。自從那時之後，他再也沒有找醫生看過病。

其實每個人的健康都掌握在自己手中。每個人高矮胖瘦、黑白美醜各不一樣，這大部分是由先天遺傳決定的，我們自己不能選擇，不能控制，不能對此負責。健康也有遺傳因素。比如有些人抗病菌能力就特別強，而有些人天生就弱些。有些人在出生時就帶有某種疾病的基因或病菌，在後天適當的條件下，便給人身體某部分器官或細胞造成損害。這種從嬰兒開始就帶有某種疾病隱患現象，可能相當普遍，也是人們容易得病的最大原因。

然而世界的奇妙在於：一物剋一物。現在除了世界上仍在攻克難關的癌症和愛滋病沒有找到有效治療的方法外，人類其他疾病都有藥物和辦法進行治療和預防。更奇妙的是，只要供給適當的營養和各種維生素，保持人體運動本能，適度地鍛鍊，加強身體各部分功能，任何天生懦弱的身體都可以變得強壯而有活力，有較強免疫疾病的功能。很大程度上說，自己的健康長壽活力是由我們自己操縱的。

維護健康，就是維護生命。健康是最可貴的資產！許多人情願用財富換取健康。洛克菲勒從活躍的商場退休之後，最大的目標是鍛鍊健康的身體、長壽，及贏得別人的敬重。這些可以用金錢買到嗎？可以！以下是洛克菲勒的方法：

★每個星期天上教堂，用心作筆記，在日常生活中應用所學的原則。

★每晚睡足八個小時，中午小睡片刻。

★每天沐浴或淋浴，保持外表的整潔。

★搬到氣候宜人的佛羅里達州居住。

★均衡的生活。從事他最喜愛的戶外運動——打高爾夫球，吸收新鮮的空氣和陽光。在室內則經常閱讀及安排其他有益身心的活動。

★細嚼慢嚥，以利消化和吸收；不吃過冷或過熱的食物。

★吸收心靈的維他命。晚餐時，由他的祕書、訪客或家人讀一段聖經、詩篇或書報雜誌的勵志性文章。

★聘請漢彌爾頓醫師為私人專職醫師。漢彌爾頓醫師用愉快的態度，讓他的病人活得更健康。

★明智地把財產分給需要的人，以免人們對他的憎恨轉嫁給他的家人。

洛克菲勒原來的動機是自私的——他想要得到好的名聲。結果，他變得非常慷慨透過慈善事業和捐款，帶給許多人健康和快樂，也使他找回健康和快樂。他所創立的基金會，將造福無數的後代。他用一生的財富發揮善行。由於洛克菲勒，世界更美好！洛克菲勒一直到九十七高齡才過世。

你不必擁有巨額的財富，只要有積極的態度，就能擁有健康。除此之外，對於健康的知識也是必要的，不要漠視你的健康。

12 公司不會主動對你的生命健康負責

職場潛規則

懂得鬆弛有度，是一種生命的智慧。悠閒與工作並不衝突，該工作的時候就好好工作，該休息的時候就好好休息。但是大多數人不可能有大量時間休息，所以要學會忙裡偷閒，讓緊繃的弦放鬆。放鬆不是放縱，而是養精蓄銳，是為了以一種更快的速度奔跑。

三十九歲的何先生在一家大公司工作，憑著吃苦耐勞、勤奮敬業的精神升為部門經理。但是，自從升職後，何先生明顯感到在工作時精力不夠，時間一長就覺得很累，而且注意力也無法集中，為此，還險些出了差錯。

不久前，老總找他談話，明確告訴他如果他再不調整好狀態，就要由比他年輕的小王接替他的職位。面對危機，何先生開始學習如何放鬆自己，透過養花種草來培養寧靜的心態，讓自己在工作的重壓之後有種放鬆的感覺，這樣做之後工作效率果然提高了。

長期處於過度勞累、緊張壓力下的人，不僅心理健康會受到影響，還會導致生理功能發生變化，甚至引發某些疾病。專家分析，緊張與壓力，會導致許多人產生倦怠、抑鬱、焦慮、煩躁、無助等消極的情緒反應。在生理上則會引起血壓、內分泌等一系列變化，嚴重的還會導致植物神經功能紊亂、內分泌失調和免疫力下降，最終導致一系列身心疾病。

有一個高僧帶領一群弟子研究佛學。其中有一個弟子非常刻苦用功，經常挑燈夜戰。不料學習進行到一個很重要的階段時，他居然生了一場大病。

儘管非常艱難，但他還是堅持上課。在他看來，生命苦短，為追求智慧，絕不能浪費任何時間。高僧勸告他說，其實智慧不一定就在前面，說不定它就在你

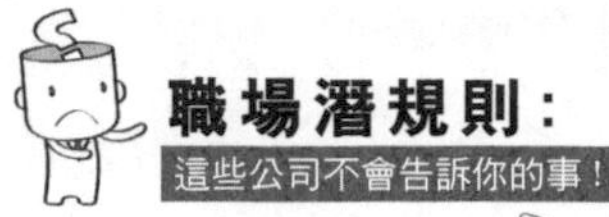

的身後，只要放鬆身心，隨著自然節拍，就能得到智慧。

我們常常也是這樣，為了追求成功，一味地往前衝。我們很少停下來休息片刻，因為認為那是在浪費生命。其實，如果你不懂得享受生活，那才是真正浪費生命。你一心往前追求成功，卻不肯回過頭來看一看。也許在你回頭的瞬間，你就會發現成功的祕訣。

會工作，也要會放鬆。放鬆是為了更有效地工作。只知道一味地忙於工作而不懂得找機會讓自己放鬆的人，就好像一匹一直向前拼命奔跑而不知道讓自己停下來的馬一樣，既是對自己工作效率的不負責，也是對自己生命的不負責。

宋朝詩人黃庭堅說過：「人生政自無閒暇，忙裡偷閒得幾回？」人的一生是忙碌的，忙裡偷閒是一種放鬆心態，是一種符合自然規律的調適方式。在自然界裡，春夏生機勃發，萬物生長，到處燕舞蝶飛；秋冬萬物沉寂，處於休眠狀態。人本身也屬於自然界的一部分，所以要懂得休養生息，順應自然規律。

懂得鬆弛有度，是一種生命的智慧。悠閒與工作並不衝突，該工作的時候就好好工作，該休息的時候就好好休息。但是大多數人不可能有大量時間休息，所以要學會忙裡偷閒，讓緊繃的弦放鬆。放鬆不是放縱，而是養精蓄銳，是為了以一種更快的速度奔跑。

上帝是公平的，不管是誰，每個人一天只有二十四個小時，你可以過得很從容，也可以把自己弄得忙亂不堪，沒有時間絕對不是藉口，那是你自己的選擇。懂得生活的人往往都是事業中的強者，他們不會每天都疲於奔命，他們會比任何人都尊重自己的休閒時間。

當你累的時候，不妨停下來休息一下，哪怕只是一會兒，也會讓你的身心得到不同程度的休整。這片刻的寧靜會讓你的身心猶如在清泉之中洗滌過一樣閒適平和，思維如大夢初醒一般清晰。這樣的休息容易讓你暫時從工作中抽身而出，以局外人的身分審視自己的工作，解開你在工作中百思不得其解的難題。

職場潛規則：這些公司不會告訴你的事！（讀品讀者回函卡）

■ 謝謝您購買這本書，請詳細填寫本卡各欄後寄回，我們每月將抽選一百名回函讀者寄出精美禮物，並享有生日當月購書優惠！
想知道更多更即時的消息，請搜尋"永續圖書粉絲團"

■ 您也可以使用傳真或是掃描圖檔寄回公司信箱，謝謝。
傳真電話：（02）8647-3660　　信箱：yungjiuh@ms45.hinet.net

◆ 姓名：＿＿＿＿＿＿＿＿　□男 □女　□單身 □已婚

◆ 生日：＿＿＿＿＿＿＿＿　□非會員　□已是會員

◆ **E-mail**：＿＿＿＿＿＿＿＿　電話：(　) ＿＿＿＿

◆ 地址：＿＿＿＿＿＿＿＿＿＿＿＿

◆ 學歷：□高中以下　□專科或大學　□研究所以上　□其他＿＿＿＿

◆ 職業：□學生　□資訊　□製造　□行銷　□服務　□金融
□傳播　□公教　□軍警　□自由　□家管　□其他＿＿＿＿

◆ 閱讀嗜好：□兩性　□心理　□勵志　□傳記　□文學　□健康
□財經　□企管　□行銷　□休閒　□小說　□其他

◆ 您平均一年購書：□ 5本以下　□ 6～10本　□ 11～20本
□21～30本以下　□ 30本以上

◆ 購買此書的金額：＿＿＿＿＿＿

◆ 購自：□連鎖書店　□一般書局　□量販店　□超商　□書展
□郵購　□網路訂購　□其他

◆ 您購買此書的原因：□書名　□作者　□內容　□封面
□版面設計　□其他

◆ 建議改進：□內容　□封面　□版面設計　□其他＿＿＿＿

您的建議：

剪下後傳真、掃描或寄回至「22103新北市汐止區大同路三段194號9樓之1讀品文化收」

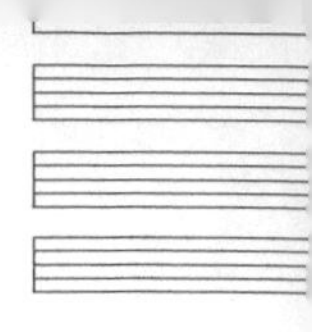

廣 告 回 信
基隆郵局登記證
基隆廣字第 55 號

2 2 1 - 0 3

新北市汐止區大同路三段 194 號 9 樓之 1

讀品文化事業有限公司　收

電話/(02)8647-3663　　傳真/(02)8647-3660

劃撥帳號/18669219　　永續圖書有限公司

請沿此虛線對折免貼郵票或以傳真、掃描方式寄回本公司，謝謝！

讀好書品嚐人生的美味

職場潛規則：

這些公司不會告訴你的事！